心怀天地

四十年忆述

上海社会科学院国际问题研究所 编

上海社会科学院出版社

上海社会科学院国际问题研究所四十周年志庆

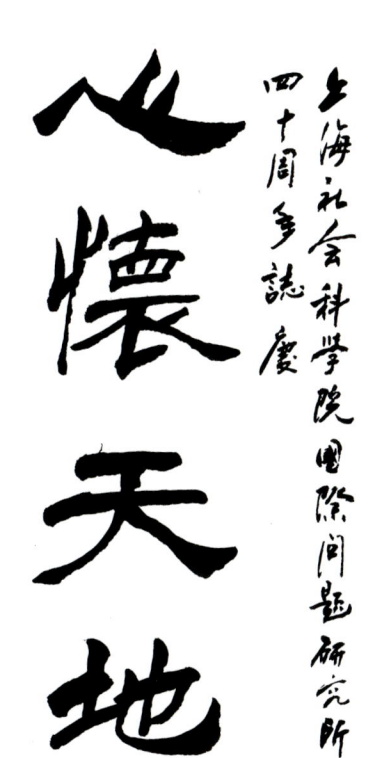

心怀天地

荣犖

庚子秋月

汪 道 涵
Wang Daohan
1915--2005

上海国际问题研究中心创建人及永远名誉主席汪道涵

上海国际问题研究中心理事会双主席：中国前驻法国大使吴建民（左）与上海市原政协副主席、上海社会科学院党委书记兼院长王荣华（右）

```
                                              2015年，更名为上海社会科学院
                                              国际问题研究所
                                                    ↑
2011年，两所合并成立上海社会科       整建制并入
学院国际关系研究所           ————————→
         ↑
   1992年，改名为上海社会科
   学院东欧中西亚研究所
         ↑
1990年，上海社会科学院
亚洲太平洋研究所成立
         ↑
   1987年，上海社会科学院苏
   联东欧研究所正式成立
         ↑                          1985年，上海市人民政府成
         ↑                          立上海国际问题研究中心
1981年，上海社会科学院和华东师范
大学联合成立上海苏联东欧研究所
```

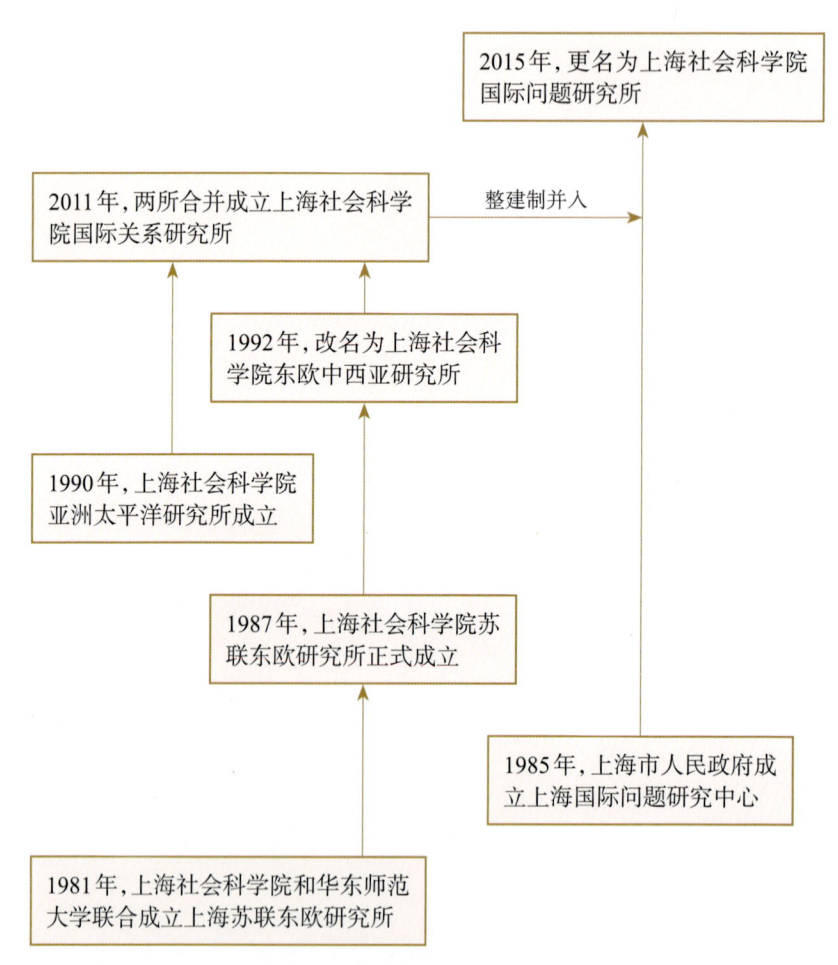

历史沿革

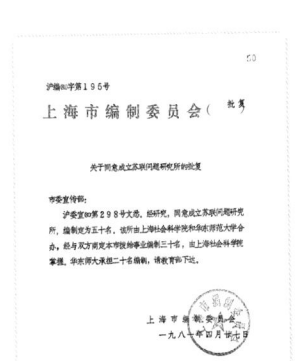

1981年4月,上海市编制委员会关于成立苏联问题研究所的批复。同年6月,改名为苏联东欧研究所

1985年5月,上海市人民政府关于建立上海国际问题研究中心的通知

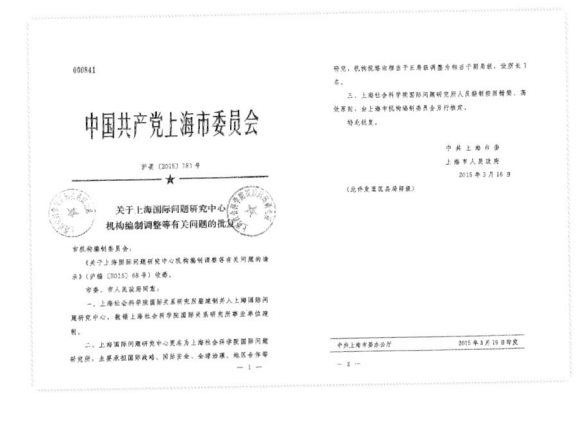

2015年3月,中共上海市委关于上海国际问题研究中心机构编制调整等有关问题的批复

1990年11月,上海社会科学院亚洲太平洋研究所成立大会

1982年9月,苏东所承办中国苏联东欧学会成立大会暨首届年会

1989年，苏东所科研人员随上海社科院代表团访问原苏联经济研究所

暨首届年会 一九八二年九月二十一日于上海

2001年，上海国际问题研究中心协办苏联解体十周年学术研讨会

1998年的东欧中西亚研究所领导班子

2001年6月，欧亚所首届世界史专业硕士研究生学位论文答辩

2004年,亚太所与日本早稻田大学一行召开中日关系研讨会

2008年8月,欧亚所科研人员陪同王荣华院长会见以色列驻沪总领事

2008年,亚太所科研人员在日本京都产业大学世界问题研究所举行研讨会

2008年8月,亚太所部分员工开展国情调研

2009年7月,欧亚所党支部参观嘉兴南湖红船

2013年11月,国关所与韩国东北亚历史财团在韩国首尔联合召开研讨会

2012年6月22日,上海社会科学院国际关系研究所成立大会合影

2012年6月22—23日,国关所举办高层研讨会

2015年11月,国际所与上海市对外文化交流协会联合主办第三届淮海国际论坛

2017年10月，国际所与韩国东西大学、日本庆应义塾大学在韩国釜山共同举办第九届东北亚合作国际会议

2019年3月，国际所举办第十一届上海全球问题研究青年论坛

2019年4月，国际所与中国中东学会等单位联合主办第三届上海中东学论坛

自2017年开始,国际所与中国现代国际关系研究院于每年年初联合举办国际形势前瞻学术研讨会

2020年11月,奥地利驻华大使访问国际所

2020年10月,国际所举办学术研讨会

《国际关系研究》(双月刊)创办于2013年,是上海社科院主管、国际所主办的国际问题研究类学术期刊

国际所科研人员的部分著作

2021年5月，国际所开展党史学习教育

2020年12月，国际所"梦之队"参加上海社科院第六届拔河大赛

2021年6月，国际所与维谢格拉德集团(V4)国家驻上海总领事馆举行乒乓球友谊赛

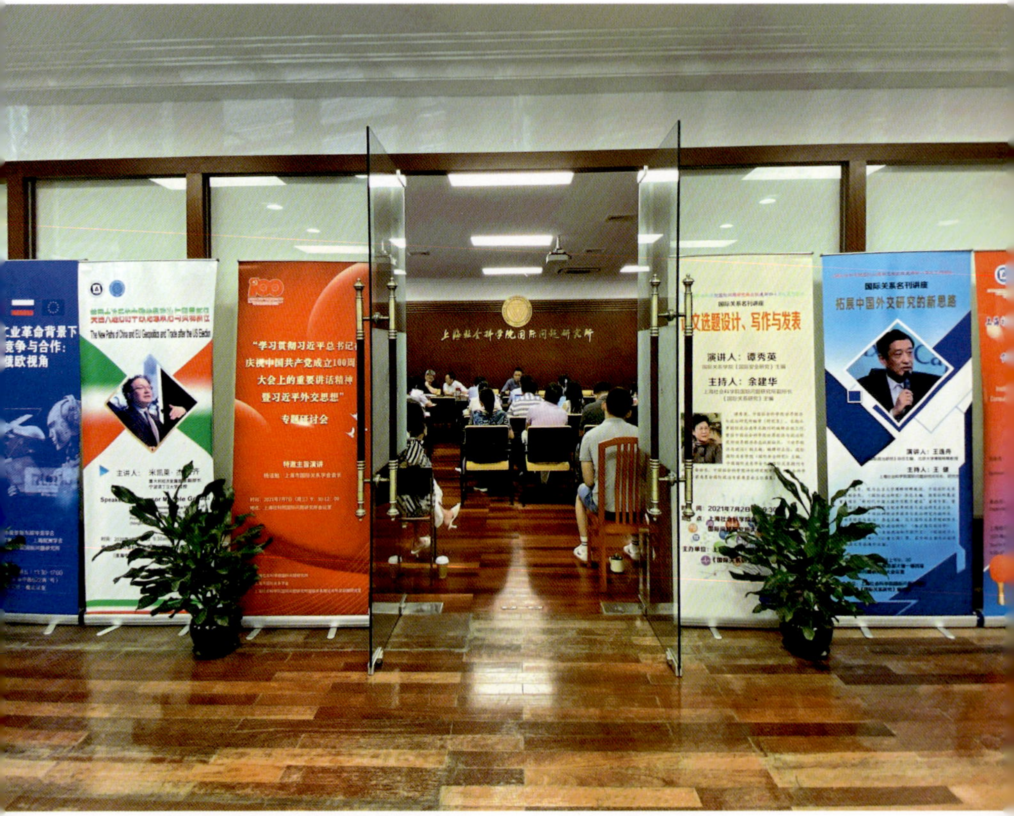

序　言

王　健

到2021年,上海社会科学院国际问题研究所已走过40载。古人云:"四十不惑",进入不惑之年的国际问题研究所该如何不忘初心、继续前行,我和班子成员都深入思考过,并认为很有必要从历史中汲取精神力量和发展智慧,这就是编辑这本回忆录的缘起。

2015年经市委决定,上海社会科学院国际关系研究所整建制并入由上海市前市长汪道涵创办的上海市人民政府国际问题研究中心,并改名为上海社会科学院国际问题研究所。上海社会科学院国际关系研究所是在2011年由东欧中西亚研究所和亚洲太平洋研究所合并而成,其前身可以追溯到1981年成立的上海苏联东欧问题研究所。

在汪老和国际问题研究中心历史上另两位领导——中国前驻法国大使吴建民和上海市政协副主席、上海社会科学院前党委书记兼院长王荣华,以及上海社会科学院历届领导的关心和支持下,上海社会科学院国际问题研究筚路蓝缕、砥砺奋斗,不仅涌现了一大批国内外知名的学术大家,而且给国家和上海发展提供了有力的智力支撑。特别是几位前辈领导历来倡导"心怀天地、鞠躬尽瘁""爱国无限、报国有心""爱祖国、爱人类""和衷共济、和合共生",其胸襟和格局,奠定了上海社会科学院国际问题研究的视野、品格和追求。

当今世界正经历百年未有之大变局,中华民族的伟大复兴也正迈入了全面建设社会主义现代化强国的新阶段,这是一个国际问题研究大有可为的时代,也是一个国际问题研究必须对民族、国家和人类作出更大贡献的时代。未来,我们将发扬报国有心的爱国精神、艰苦奋斗的实干精神、敢于探索的科学精神和心怀天地的大同精神,不断推进上海社会科学院国际问题研究所的各项工作创新发展。

这本回忆录中,收集的只是 40 年来一起奋斗的国际问题研究所同仁们的部分记忆,还有一些回忆因种种原因无法提供。而且遗憾的是,一些同仁已经永远离开了我们,离开了这座凝聚着他们一生梦想、追求和奉献的科学殿堂。

向所有为上海社会科学院国际问题研究所发展作出贡献的前辈致敬!

王健:现任上海社会科学院国际问题研究所所长、总支书记。

目　录

序言	王　健	001
国际所40周年所庆忆吴建民大使	王荣华	001
上海社会科学院国际问题研究机构演变	黄仁伟	007
钟鸣访谈录：回顾上海国际问题研究中心的组建	钟　鸣	022
难忘上海国际问题研究中心		
——汪老如何引领我们研究国际问题	潘　光	030
中亚和上合组织研究是如何成长为科研新品牌的		
——回忆欧亚所整合力量、开拓创新的一段历程	潘　光	039
面向亚太，研究国际	周建明	048
我参与朝鲜半岛研究与对外合作交流点滴纪实	刘　鸣	056
往事钩沉	季　谋	082
心路	王少普	089
天下为公　兼容并蓄		
——回忆汪道涵对国际问题研究的指导	李轶海	096
我与社科院	章念驰	107

时代、环境与追求、机遇
　　——"五缘文化"说的提出与研究的展开　　林其锬　111
苏联东欧研究所初创时之人员组成　　汪之成　132
再也回不去了
　　——苏联东欧问题研究所　　姚勤华　136
我从上海社科院亚太所再出发　　王海良　139
国际所携我前行　　丁佩华　150
我与欧亚所　　崔志鹰　166
我在欧亚所工作的十年　　李秀石　172
我是一个兵　　许益萍　179

附录

附录一　上海社会科学院国际问题研究所大事记
　　（1981年4月—2021年3月）　　187
附录二　上海社会科学院国际问题研究所获奖情况
　　（1979—2019年）　　250
附录三　上海社会科学院国际问题研究所各类课题统计
　　（1981—2020年）　　260

国际所 40 周年所庆忆吴建民大使

王荣华

2021年是上海社会科学院国际问题研究所建所40周年，在这个重要的日子里，回顾研究所的发展历程，对提升国际所的凝聚力，推动全所不忘初心、砥砺前行具有十分重要的意义。回首往事，我深深感到国际所的成长和发展离不开那些老领导、老朋友的无私帮助，其中非常重要的一位是前驻法大使吴建民。

我和吴大使初次见面时，他还在荷兰当大使，我们可以说是一见如故。在之后20多年的交往里，吴大使成了我的良师益友。他充满传奇的外交生涯，理性真挚的爱国情怀、孜孜不倦的学习精神、温文尔雅的智者风范，给我留下深刻印象。他长期观察和分析国际形势与中国外交，给我们留下了很多宝贵的精神财富，他在论著中纵论天下大势的顺逆成败、解读国际关系的外交密码，让我们有机会感悟大国外交的中国智慧、领略外交华章的独特魅力。

吴大使是一位具有国际视野、家国情怀的卓越外交家。他在半个多世纪的外交生涯里，从资深外交官到外交学院院长，从日内瓦挫败反华提案到推动中西文化交流，从被法国总统希拉克授予"大将军"勋章到毫无悬念地被推选为国际展览局主席，从走向世界、讲述中国到回归中国、著书育人，都是以一颗赤诚的爱国之心，用源源不竭的智慧与精神，为我们国家的外交事业作出了极为重要的贡献。

这些经历使吴大使对国际问题的观察与分析相当独到，其中他有几个特点比较鲜明：一是国际性，他能运用国际视野观察和分析日趋复杂的国内外形势。他提出，不仅要从中国看世界，还要从世界看中国，要爱祖国、要爱人类，这让人很受启发的。今天我们遇到的很多国际问题，有不少是由自我认知和他者认知的矛盾所引发，吴大使提出的从世界看中国和从中国看世界是一个有机整体，有助于提高我们的认识水平。二是专业性，他明确提出需要学习和运用外交、历史、经济、社会等方方面面的知识，从专业的视角分析问题、提出建议，就会比较客观、比较理性。用掌握专业知识的人做专业的事，对我们提高决策的科学性具有很强的指导意义。三是预见性，他通过国际比较、历史借鉴、专业分析，对很多问题的判断很有预见性。例如，2004年，我邀请吴大使到上海社会科学院做报告，当时正值美伊战争，且美国取得节节胜利，国内很担心美国在美伊战争后会把矛头对准中国。吴大使当时就认为不会出现这样的情况。他分析指出，虽然美国在美伊战争中暂时取得胜利，但却从此与整个阿拉伯国家为敌，美国将很难脱身，会有一大堆麻烦。他提醒中国要抓住机会，把自己的事情做好。后来的事态发展证明吴大使的判断是正确的。

2003年，吴建民大使担任外交学院院长；2004年，我开始担任上海社会科学院党委书记兼院长。由于我与吴大使早就熟识，外交学院与上海社会科学院建立了紧密的合作关系。吴大使与上海社科院、上海国际问题研究中心的感情特别深。在他担任外交学院院长期间，上海社科院邀请吴大使做客高层论坛，并聘请他为世界经济与政治研究院名誉院长。

2005—2009年，吴建民大使积极推动外交学院与上海社科院合办了5届"东亚思想库网络金融合作会议"（NEAT）。会议聚集了来自东亚和中国国内的金融专家和国际问题专家，就如何推进东亚金融合作进行了探讨和交流。这几次东亚金融合作会议还得到了财政部、人民银行和上海市政府的关心与支持。东亚思想库网络是由第六次东亚"10＋3"领导人会议建立的第一个面向东亚、由东亚各国政府认可的学术研究合作机制，作为东亚思想库网络工作组会议之一的金融合作会议对推动东亚金融合作发挥了积极作用，并产生了广泛的国际影响。每次会议都是在东亚峰会前半年左右举办，国际国内专家学者展开深入研讨，并提出了大量有价值的建议。不少建议被东亚峰会采纳，成为东亚合作的共识。

从2009年开始，吴大使被聘为上海社科院的名誉研究员，并和我共同担任上海国际问题研究中心的理事会主席。上海国际问题研究中心是汪道涵先生设立的上海市国际问题研究协调机构，也是上海社会科学院国际问题研究所的前身之一。担任上海国际问题研究中心理事会主席期间，吴大使以渊博的学识、丰富的实践经验、宽广的视角、高度而敏锐的眼光，指导中心的工作，提携后辈、培养新人，为上海社科院的智库建设作出了突出贡献。

每年年初,吴大使都会与中心领导班子商议年度工作安排,对当年的研究主题、关注重点等进行指导。他受聘期间有几项工作相当重要,影响深远。

第一,在吴大使的倡议和推动下,上海国际问题研究中心每年组织召开多次国际形势内部研讨会。这些会议围绕国际热点问题、年初形势预判、年终形势总结等主题,召集上海各高校、智库和研究机构的专家学者进行充分的交流与讨论,并及时形成内部报告,向上海市乃至中央提出许多富有前瞻性、战略性和全局性的意见和建议。这些意见和建议对于上海市领导乃至中央思考、解决所面临的重大问题产生了积极影响。在深入探讨一些重大事件时,吴建民大使每次都会在讨论的基础上给大家做一个深度分析报告,让上海的学者,特别是年轻学者受益无穷。

第二,吴大使推动上海国际问题研究中心发起举办上海亚洲金融合作论坛。在上海社科院与外交学院连续举办5届东亚思想库网络金融合作会议后,2009年,上海国际问题研究中心、上海社会科学院和中国银行国际金融研究所一同发起举办上海亚洲金融合作论坛。吴大使对论坛的筹备和发展提供了细致的指导,强调会务组要听取金融机构的意见,寻求资助,研究确立常设主题,做好舆论宣传等工作,为我们办出高质量、高规格的论坛作出重要贡献。他明确提出,上海亚洲金融合作论坛是一个思考的平台、交流的平台和合作的平台。通过连续举办论坛,对外有利于推动亚洲各国或地区之间增进了解、加强合作,特别是金融领域的实质性合作;对内可以借鉴国际经验,提出好的点子与建议,推进上海国际金融中心建设和浦东金融核心功能区建设。吴大使还提出了浦东新区政府和上海社会科学院合作举办上海亚洲金融合作论坛的建议，为上海社科院参与浦东开发开放起到了推动作用。在我们纪念浦东新区开发开放30周年之际，也不应忘记吴大使的积极贡献。

第三，吴大使不仅是上海社会科学院与中央和北京相关机构联系的桥梁，还以自身魅力为学者提供示范。吴大使与黄仁伟、张幼文、潘光、刘鸣、王健等上海社科院国际问题专家都建立了非常良好的友谊。我们研究中国国际地位提升，在国内率先撰写中国国际地位报告，打响自己的学术品牌，也与吴建民大使有着密不可分的关系。他还常常把外交方面的重要思考和中央亟待研究的重要课题交给上海的国际问题学者来做，实际上，这是带动上海社科院国际问题研究迈上国家高端智库发展的一个重要台阶。吴大使成就卓著，却又始终好学。人们看到的是，吴大使做报告、接受记者采访从不准备稿子；但是我经常看到他一直随身携带一个小本子，无论是在开会、吃饭还是在聊天，也不管对方的身份、年龄，只要有新的观点与重要数据，他都会马上记下来。他取得的成就，与保持好学、不断追问的态度有着很深的关系。吴大使讲话可以洋洋洒洒、收放自如，思想深邃、逻辑严密，案例鲜活生动，从不讲空话、套话，有极强的吸引力。他的这些独特魅力，为当时上海社科院的学术骨干成长为业界资深专家提供了示范。

第四，吴大使带领一批青年学者合作编撰第二辑《外交案例》。吴大使在外交学院当院长时，曾开设"交流学""外交案例"等新课程，他不仅亲自授课，而且领衔编撰了《交流学十四讲》《外交案例》等教材，这些成果既是对其长期驻外经历的经验总结，也是关于外交官培养理念与方式的创新之举。在受聘担任上海国际问题研究中心的理事会主席后，吴大使提出续写《外交案例》的想法，当时他的出发点主要涉及3个方面：一是期望对中国外交官的成长提供有价值的参考；二是研究中华人民共和国成立以来的外交大事，特别是研究周恩来总理的外交遗产；三是希望帮助国人认识今天的世界。这样一位资深的外交家和国际名人，与上海社科院的青年学者、博士生和研究生在一起讨论、研究问题，没有思想上的隔阂，没有年龄上的鸿沟，一共召开了20多次写作讨论会，分享自己外交生涯中的亲身经历，手把手地教会这些年轻人总结、梳理和撰写外交案例。课题组一起撰写了20多个中华人民共和国成立以来的重要外交案例，给我们留下了一笔宝贵的外交财富。当时的年轻人对他的评价是"坦荡，思想前沿，非常全球化"。如今，这批年轻人都已经成长为上海社科院和国际问题研究所的中坚力量。

可以说，吴大使在上海国际问题研究中心的卓越工作，不仅为中心的发展指明了方向，而且锻炼了队伍、培养了人才，上海国际问题研究中心及上海社科院国际问题研究所的成长离不开吴建民大使的无私帮助。斯人已去，我在怀念这位良师益友的同时，也殷切希望上海社科院国际问题研究所的科研人员们能够秉持吴大使的精神，勤于学习，扎实研究，深入思考，为中国的国际问题研究继续贡献自己的力量。

王荣华：曾任上海市政协副主席，上海社会科学院党委书记、院长，上海国际问题研究中心理事会主席。

上海社会科学院国际问题研究机构演变

黄仁伟

上海社会科学院建院已有63年了,是全国第一家社会科学院。从建立至今,其体制和构成一直在调整之中。在国际问题研究领域,变化尤为复杂,以至于本院工作人员对此全过程也不甚了了。为了总结历史经验,更好地建设国家高端智库,我整理此份提纲式材料,以备今后撰写完整的院史所史之用。

一、20世纪60年代到20世纪80年代初期上海社会科学院国际问题研究机构的设立

上海社会科学院国际问题研究所的来龙去脉,最早应追溯到1960年建立的上海国际问题研究所。中华人民共和国成立10年后,中苏交恶,外部环境剧变,急需对国际问题开展深入研究。在此背景下,周恩来总理亲自提议在上海成立国际问题研究所。上海市委、市政府责成由上海社会科学院筹办。由此,1960年4月,国际问题研究所正式创建。首任所长由著名国际问题专家、上海市副市长金仲华兼任,落址于上海市茂名路升

平街50号。其行政、经费、政治、党务均归属上海社科院,研究业务归上海市外办领导。除由金仲华副市长担任所长外,又请著名国际问题专家刘思慕担任副所长;刘思慕调任外交部后,一度由上海社科院庞季云副院长兼任副所长。这是上海最早建立,也是当时全国唯一的一所地方国际问题研究机构。1963年,国际问题研究所制订了十年(1963—1972)科研工作规划。

"文化大革命"开始后,上海国际问题研究所受到冲击。1968年年底随着上海社科院建制被撤销,国际所也同时关闭。1972年,上海市革命委员会将市直五七干校原社科院的国际问题研究人员集中起来,组成隶属于市革委会外事办的国际问题资料翻译组,约有人员50名。到1977年,在该资料翻译组的基础上恢复了上海国际问题研究所的建制,继续隶属于上海市外办。

1978年上海社会科学院恢复建制。但曾经作为上海社科院六大所之一的上海国际问题研究所(即现上海国际问题研究院)不再归属上海社科院。其中褚葆一、姚廷纲、王惠珍、陈绍发、陈招顺等部分科研人员则返回上海社科院组建世界经济研究所。于是,上海的国际问题研究主体由此一分为二,一是国际政治部分主要在上海国际问题研究所,二是国际经济部分主要在上海社科院世界经济研究所(简称世经所)。这个格局大约维持了二十年之久。

1981年4月,上海市委、市政府批准上海社会科学院和华东师范大学联合成立上海苏联东欧研究所(原名为"上海社会科学院和华东师范大学苏联研究所",定编50人)。同年6月,上海市委任命华东师大党委书记施平兼任苏联东欧研究所所长。

到 1987 年 5 月，社科院撤回属于本院编制的人员，同时整合各所从事苏联东欧问题研究的科研力量，正式成立上海社会科学院苏联东欧研究所，王志平任所长，季谟、朱崇儒任副所长。

二、20 世纪 80 年代中期到 90 年代初期上海社会科学院国际问题研究机构的形成

改革开放后，中国的国际环境发生新的重大变化，邓小平作出"和平与发展"的新的时代特征判断。中央决定成立中国国际问题研究中心，同时在上海也设立一个国际问题研究中心。1985 年根据市政府 36 号文件决定成立上海国际问题研究中心，由时任上海市市长的汪道涵和北京外交部的宦乡共同担任名誉总干事长。北京和上海的两个国际问题研究中心几乎同时成立，南北呼应。南北两个国际问题研究中心还共同聘请于光远、马洪、许涤新、童大林、李慎之、浦山、滕维藻等国内顶尖专家担任顾问。

上海国际问题研究中心隶属于上海市政府，市编办明确定其为正局级机构。蔡北华（时任上海社会科学院副院长）兼任总干事长，上海国际问题研究所所长陈启懋、上海社会科学院院长张仲礼等任副总干事，本市专家褚葆一、陈彪如、余开祥等任顾问。上海市外办、对外经济贸易委员会、上海市投资公司等有关委办局领导担任理事会理事。当时确定中心的功能是协调上海的各个国际问题研究机构，为上海对外开放进行战略性和战役性研究，并承担中国国际问题研究中心交办的研究任务。最初

办公地点设在上海国际问题研究所，负责具体工作的秘书长由上海社会科学院苏联东欧研究所所长王志平担任。王沪宁、王新奎、陈琦伟、潘维明等参与中心的专家委员会，陈宽弘、贾继峰、姚为群、姚勤等先后参与中心的协调管理工作。

建立上海国际问题研究中心的目的是统筹上海市各个国际问题研究机构，形成一个整体开展国际问题研究的大平台，其地位高于各个实体研究机构，包括上海社科院、上海国际问题研究所、复旦大学、华东师范大学、上海财经学院和上海对外贸易学院等。在上海国际问题研究中心下面又建立了一系列民间研究所，其中包括亚洲研究所、和平与发展研究所等。由于各种原因，上海国际问题研究中心没有充分发挥出统筹上海各个国际问题研究机构的原定功能。

首先，汪老在1991年以后担任了海峡两岸关系协会会长，难以抽出更多时间来管理国际问题研究中心；其次，1989年以后上海国际问题研究中心的归属系统从上海市委办公厅转由上海社会科学院代管，办公地点也从上海国际问题研究所转移到中山东一路33号大院。

与此同时，上海社会科学院院内的国际问题研究机构出现调整。其一，1990年上海社会科学院建立亚洲太平洋研究所（简称亚太所）。亚太所是由经济所、部门所若干研究人员和世经所港澳地区研究室、日本研究室部分人员抽调组建而成。1991年由世经所副所长王曰庠兼任亚太所所长，后来由俞新天和周建明先后担任亚太所所长。亚太所的研究人员来自我院的多个研究所，如哲学所林同华、文学所张向华、历史所王少普和社会学所吴前进等,都在这个时期转入亚太所。其二,世经所设立国际关系研究室,本意是模仿中国社会科学院世界经济与政治研究所的结构,在世经所里开辟一块国际政治研究。该研究室最初由陈绍发担任室主任,后来由卢林担任室主任,1991年卢林去美国读学位后由我接任。其三,苏联东欧研究所发生变化。1992年5月,经上海市编制委员会批准,上海社会科学院苏联东欧研究所正式更名为东欧中西亚研究所(简称欧亚所)。同年11月,上海社会科学院将历史所世界历史研究中心与东欧中西亚研究所合并,仍保留东欧中西亚研究所所名,潘光任欧亚所所长。

至此,到1992年年底,上海社会科学院的国际问题研究形成4个小板块,即上海国际问题研究中心、欧亚所、亚太所和世经所国际关系研究室。由于建立时间有先有后、学科背景来源不一以及其他历史原因,我院国际问题研究力量不仅起步较晚,而且从一开始就比较分散,没有形成完整一体的实体研究机构。这就是从1985年建立上海国际问题研究中心到上海社会科学院国际问题研究形成4个研究板块的过程,也可以说是第一阶段。

三、20世纪90年代后期上海社会科学院国际问题研究机构的发展

1995年以后又出现几个变化。一是世经所国际关系研究室经过调整充实,开始发展起来。研究室成员包括我本人、周忠菲、王寅通、刘杰、杨剑、屠启宇和袁瑾等人,粗具规模。我们抓

住当时的几个热点,如海湾战争、苏东剧变和中美关系特别是最惠国待遇等重大问题,撰写了几个研究报告。其中有的报告受到高层重视,有的报告进入汪老的视野,由他递呈上去。

二是欧亚所在潘光所长领导下,成为在上海有影响力的国际问题研究所,特别是在犹太研究方面的国际影响比较大。由于海湾战争后中东地区形势尖锐复杂,苏东剧变后中俄关系处于敏感的转折点,欧亚所的研究领域更加宽广。由上海犹太人研究带动的以色列研究和美国犹太集团研究,对中以关系和中美关系都起到了积极推动作用。

三是亚太所的研究重点是日本问题、朝鲜半岛研究和中国台湾问题,周建明的研究重点主要在中国台湾问题上。日本研究方向的王少普,东南亚研究方向的蔡鹏鸿、马缨,东北亚研究方向的刘鸣等,开始崭露头角。由于中国台湾问题和朝鲜半岛问题与美国紧密相关,亚太所也涉及中美关系的动态研究。

在这个过程中,汪老更加重视上海社会科学院,把国际问题研究的主要力量放在我院。为了配合中央领导和汪老的决策咨询需要,并落实上海市政府1988年第146号文件(将上海国际问题研究中心划归上海社科院管理),1995年5月,上海社会科学院党委决定由潘光、李轶海和我参与上海国际问题研究中心管理。此时王志平已退休,其秘书长职务由欧亚所所长潘光兼任,我和李轶海担任副秘书长,蔡志云任办公室主任。原来的副总干事、上海社科院张仲礼院长和上海国际问题研究所陈启懋所长继续关心中心工作。

当时上海国际问题研究中心的办公地点在外滩中山东一

路33号大院。该地点和淮海中路上海社科院本部在空间上分离,造成中心和3个研究所之间的"若即若离",建设共同研究平台难度较大。在中心工作的分工方面,潘光负责俄罗斯、欧洲和中东等方向的研究,我负责美国、东亚以及中国台湾问题等方向的研究。虽然有"东西之分",但是汪老交办的任务是合手一起做。因为中国台湾问题更多和美国问题相关,汪老就更加侧重美国这个方向,周建明也参与这个方向的研究。

于是,上海社会科学院的中国台湾研究就和国际问题研究紧密联系起来了。20世纪90年代我院中国台湾问题研究能力在上海是最强的,在全国也名列前茅,主要研究骨干包括周建明、俞新天、章念慈、李轶海、王海良、杨剑、周忠菲、马孆和我等人,院领导严瑾、刘华先后担任上海市台湾研究会副会长。当时上海社科院几乎拥有上海关于台湾问题研究力量的"半边天"。这和汪老的重视、支持、培养是分不开的。

汪老和上海社会科学院保持密切关系的另一个领域就是世界经济。汪老和世界经济研究所的联系可以追溯到20世纪80年代初,时任市长的汪老几乎每个月都要来我院,尤其是参与世经所的学术研讨。他亲自为世经所所刊《世界经济研究》题写刊名,和世经所一批青年科研人员结成"忘年交"。到90年代后期,在伍贻康、张幼文、徐明棋等所长领导下,世经所配合汪老,以全所之力深入研究经济全球化和"入世"问题,为当时中央决策咨询提供了重要成果。可以说,中国台湾问题和"入世"问题研究是20世纪90年代中后期上海社会科学院国际问题研究迅速崛起的两大支柱。

在这个过程中,上海国际问题研究中心的《国际问题专报》起了特殊作用。这个专报于 1995 年开始编发,由我担任责任编辑,文字校对是蔡志云。这个专报平均每个月出一两期,由市委机要系统直送中央领导。到 1997—1998 年,国家主席江泽民向我当面指示要通过这份专报了解上海国际问题研究成果。外交部长李肇星也当面向我赞扬这份专报。几年后,上海社会科学院以《国际问题专报》为模板,创办《社会经济问题》专报,主要是为市委、市政府提供决策建议。专报促进了上海社会科学院作为党和国家高端智库的基础建设。

20 世纪 90 年代后半段,汪老对上海社科院国际问题研究给予大力支持和耳提面命的指点,其中最主要的形式是汪老引导召开专家研讨会和提交专报。其中最重要的一次是为克林顿 1998 年访华做准备的中美高级专家"面向 21 世纪中美建设性战略伙伴关系"研讨会。会议于 1998 年 2 月在西郊世博会议中心举行。这次中美关系研讨会可能是 20 世纪 90 年代在全国最早、最大的一次高层专家会议,包括杨洁篪大使等国内著名中美关系专家和李侃如等美国最重要的中国问题专家悉数与会,大概有 100 人到会。汪老亲自到场作主旨演讲并会见李侃如等美方人士。上海国际问题研究中心作为中方主办机构,参与全部会务和文字工作。美方合作机构是亚洲基金会和纽约"美国人大会"。会议的最重要成果就是最终共识文件中的"三不表述",即"美国不支持台湾独立、不支持一中一台、不支持台湾加入主权国家的国际组织"。1998 年 9 月,克林顿访华时在上海图书馆正式发表"三不"政策,几乎与我们会议文件的表述完全一致。这是美国对台政策中最接近中国立场的一次表述。

四、2000—2012年上海社会科学院国际问题研究机构的整合

1999年,上海社会科学院领导实现新老交替,张仲礼老院长退居二线,由尹继佐和程天权分别担任上海社科院院长和院党委书记。新领导对上海社科院国际问题研究有新的蓝图,即把三所一中心的分散力量整合成一个完整的实体研究机构。这个整合过程的第一步,是2000年周建明和我共同建立的上海社会科学院国际战略研究中心。该中心开始跨越亚太所、世经所和上海国际问题研究中心,第一次探索在上海社科院内打破所与所的界限,进行国际战略和地区国别的交叉研究。这个中心经过院党委批准成立,把中国台湾地区问题、东亚和美国等问题放在一起,作更加宏大的战略研究。其中,周建明整理翻译的美国大战略文件,在当时具有国内领先的学术地位。

程天权书记分管社科院国际问题研究的几个所期间(1999年1月—2000年6月),决心改变社科院国际问题研究的分散状态,形成一个上海最大的国际问题研究机构。于是在国际战略研究中心的基础上,组建上海社会科学院世界经济与政治研究中心,程天权本人兼任中心主任,张幼文、周建明、潘光和我兼任该中心副主任。这个中心就是后来世界经济与政治研究院(简称世经政院)的雏形。

世界经济与政治研究中心刚刚建立不久,2000年6月程天权就调到同济大学担任党委书记去了。该中心实际上没有展开运作,只是搭建了一个框架。尹继佐院长决定在世界经济与政治研究中心基础上,建立世界经济与政治研究院。并计划进一步把社科院的各个所整合为5个研究院。当时世经政院是第一个试点单位,后来是人口所、宗教所、社会学所和青少所联合起来的社会发展研究院。

当时院、所两级班子对建立世经政院的条件和意义进行反复讨论,得出几点共识:一是上海社科院已经形成一支由若干学科带头人为领军人物、一大批中青年后起之秀为骨干的国际问题研究队伍;二是上海社科院世界经济和国际关系两大学科力量均衡,互为支撑,这是上海其他研究机构所不具备的独特优势;三是上海国际问题研究中心具有"直通车"机制,可以为中央和上海市提供快速反应的决策咨询成果;四是上海社科院国际问题研究拥有1个博士点、6个硕士点,可以形成完整的学科体系;五是上海社科院和世经所共同持有的上海远东资信评估有限公司可以为国际问题研究提供市场资源;六是中国的国际环境需要将国际政治和国际经济紧密结合起来加以研究,建立世经政院正是适应这个战略需求。这些条件叠加起来,上海社科院的国际问题研究有条件较快成为国内一流、国际知名的顶尖机构。

世经政院实际运作了3年(2002—2005年)。世经政院将世经所、欧亚所和亚太所三所和上海国际问题研究中心联合为一体,世经所所长张幼文兼院长,我担任世经政院副院长兼总支书记,欧亚所所长潘光和亚太所所长周建明兼任副院长,形成世经政院一正三副的领导班子。三所一中心的党组织都归世经政院党总支领导,下辖4个支部,亚太所和欧亚所各一个支部,世经所为2个支部(其中一个是远东资信评估有限公司支部),欧亚所支部包括上海国际问题研究中心。先是杨剑、后是吴雪明担任总支副书记,分管党务和组织工作。我作为总支书记兼副院长,实际上主持世经政院的整体工作。

世经政院建立后,第一步工作就是调整研究室设置,把3个所原来按地区国别划分的10多个研究室进行调整,合并为按照三级学科领域划分的10多研究室,3个所的办公室和会议室资源也统一分配使用。其中按照国际关系和世界经济两大学科各5个领域加以划分,每个研究室定编8~10个科研人员。再加上办公室(杨剑任主任)、资料室、编辑部,整个世经政院在编人员达到120人左右,名副其实地成为上海市最大的国际问题研究机构,也是国内屈指可数的几大研究院之一。当时国内同行的主要研究机构还都是"研究所",在我院组建世经政院后纷纷改组为"研究院"(如中国现代国际关系研究院、中国国际问题研究院、上海国际问题研究院、中国社科院亚太与全球战略研究院等)。

2004年6月,上海社会科学院领导班子大幅度调整。上海市政协副主席王荣华任党委书记兼院长,左学金为常务副院长,童世骏为党委副书记,院班子成员还有沈国明、熊月之、谢京辉和我。一年后,洪民荣任党委副书记、纪委书记,我担任上海社科院副院长分管国际问题研究、国际交流、中国台港澳地区事务等。王荣华院长十分重视社科院的国际问题研究,左学金和童世骏都在国外获得博士学位,这对上海社科院的国际问题研究和国际交流工作来说都是十分有利的条件。但在各所分片时,世经所划归经济片而不是国际片,就造成了世经政院的管理协调问题。尽管如此,我和张幼文相互积极配合,使世经政院保持稳定运转机制。

创建世经政院需要自上而下、自下而上的几次循环和体制机制创新,而不是简单的合并过程。我们对此思想准备和组织准备不足。其原因比较复杂:一是世经政院一直没有得到正式编制认可,财政预算和人事编制仍按照三所一中心下达,世经政院本身既无编制也无财政预算。世经政院和3个所之间始终处于二元结构状态,研究院最终还是一个虚体而不是实体。二是涉及院所的行政级别问题。上海国际问题研究中心是正局级虚体机构,世经所是正局级实体机构,亚太所和欧亚所是两个处级机构。要把这4个行政级别不同的机构整合在一起,需要市委决策,社科院党委还难以决定。上述两个问题始终没有得到很好的解决。

2006年,世经政院的财务和人事管理重新回到三所一中心,只保留世经政院党总支的工作机制。2009年2月,世经政院党总支改选。世经政院党总支包括世经所、亚太所、欧亚所和评估公司等4个支部,共有党员71名。在各支部充分酝酿、民主推荐的基础上,差额选举产生新一届总支委员会。我继续担任总支书记,吴雪明为副书记,总支委员有刘鸣、余建华、李安方、姚勤、徐明棋等,分别代表三所一中心以及评估公司。世经政院党总支前后运作近10年时间,对所属各支部的党建、科研、人才、外事等方面起到积极推动作用。

世经政院建设功亏一篑、无功而返,这是令人遗憾的。但是,世经政院的十年建设显著改变了上海社科院国际问题研究力量分散、学科不完整的状况,并且留下了几项重要成果。一是按专业领域划分的研究室设置和学术报告例会基本上保持下来,以研究室为单位形成一批有竞争力的创新团队,对国际关系和世界经济的学科建设和智库建设提供了制度保证。二是借助于世界经济学科博士点,把国际关系学科以"国际政治经济学"二级学科的名义纳入其中,部分国际关系专业的研究员成为博导,两个专业之间实现部分课程共享。三是从2003年起由张幼文和我共同主编,3个所协作撰写《中国国际地位报告》,由人民出版社每年出版,在国内外成为有影响力的系列报告,记载了中国和平崛起的轨迹。四是世经政院从2002年开始不定期出版《国际关系研究》丛刊,2006年改为半定期的季刊,逐渐形成固定的作者群和读者群,及至2013年成为正式发行的学术刊物(双月刊),目前在国内已取得公认的学术地位。

五、2010年以后上海社会科学院国际问题研究机构的重构

2009年,上海社科院党委决定,由吴建民大使和王荣华院长共同担任上海国际问题研究中心理事会双主席,聘请张仲礼

老院长和陈启懋老所长担任高级顾问,我担任理事会常务副主席,童世骏、杨洁勉、俞新天和倪世雄担任副主席,潘光担任理事会秘书长(中心主任),李轶海、王健、刘鸣担任理事会副秘书长(中心副主任),吴雪明担任中心副主任兼吴建民大使的学术助理。2010年,上海国际问题研究中心的班子继续调整,潘光不再担任中心主任,聘为理事会副主席,由我兼任中心主任,吴雪明任中心副主任兼办公室主任。中心每年都在上海举办一次年终形势讨论会,由上海国际问题研究中心组织上海市的国际问题专家分析形势,形成一系列政策建议,经吴建民大使上报中央外办和外交部。

  此后,上海社会科学院国际问题研究机构的整合步伐并没有停顿下来,而是通过另一条路径继续推进。2012年,在院党委潘世伟书记的支持下,由我任组长、刘鸣任副组长的国际问题研究整合领导小组,推进欧亚、亚太两所的合并过程,成立上海社会科学院国际关系研究所,由刘鸣担任常务副所长,吴雪明任总支书记(2013年由余建华任总支书记),姚勤任办公室主任。同年6月22日,"未来十年的中国国际战略"高层研讨会暨上海社科院国际关系研究所成立学术研讨会举行,国内60多位国际问题研究知名专家学者,围绕"未来十年的中国国际战略"展开研讨。中央外办常务副主任裘援平、上海市委宣传部副部长李琪、中国人民大学党委书记程天权、上海社科院党委书记潘世伟共同为研究所揭牌。2015年3月,经上海市机构编制委员会批准,上海国际问题研究中心更名组建为上海社会科学院国际问题研究所,上海社会科学院国际关系研究所整建制并入,确定为副局级单位,核定编制 60 人,由刘鸣担任常务副所长,余建华任副所长兼总支书记。2018 年,王健任上海社会科学院国际问题研究所所长,余建华、李开盛任副所长。

至此,上海社会科学院国际问题研究机构发展和整合的任务也基本完成。

本文由黄仁伟口述,王荣华、童世骏、周建明、王健、余建华、刘鸣、吴雪明、姚勤等提供补充材料,傅勇整理完成全稿。

黄仁伟:曾任上海社会科学院副院长,历史研究所所长,上海国际问题研究中心理事会常务副主席、主任。

钟鸣访谈录：回顾上海国际问题研究中心的组建

钟 鸣

为了解上海国际问题研究中心（以下简称中心）组建的情况，我们对原上海国际问题研究中心常务副总干事钟鸣进行了一次访谈。钟老于1986年起兼任中心常务副总干事，时任上海市政府研究室主任，后调任至上海爱建股份有限公司。钟老现年高九十有五，但思路清晰，中气足，对访谈提出的问题给予了详细的回答，并多次纠正我们对当时这段历史某些不准确的认知，还找出精心保存的历史资料加以佐证。以下是访谈的主要内容。

访谈者：钟老，您在上海国际问题研究中心成立初期主持工作，能否介绍一下当时成立这个机构的背景？

钟鸣：上海国际问题研究中心是汪道涵老市长亲自主持成立的一个学术研讨组织。

道涵一向有儒雅市长美誉，这是由于他的言谈举止温文尔雅，由于他在文化学术界广泛的人脉关系，更由于他的战略眼光和前瞻思维。

1985年,上海领导班子"三驾马车"陈国栋、胡立教、汪道涵等同志因年龄关系从党政领导岗位退了下来。汪道涵虽然辞卸了上海市市长职务,但精力仍然旺盛,报国之心不减。组建上海国际问题研究中心,正是他高瞻远瞩的选择,是他与学术界联系所牵扯的一条纽带,也是他和大家为发挥余热搭建的一个平台。

访谈者: 能否介绍些更详细点的情况?

钟鸣: 那时,很多学者喜欢接近汪道涵,围绕一些现实问题做深入研究。不仅是上海,北京的徐雪寒、于光远、蒋一苇、吴敬琏、高尚全等专家学者常来常往,都是汪道涵的人脉关系。记不清哪位学者提到国务院国际问题研究中心,建议上海有必要建立相同性质的机构。为此,汪道涵找我聊聊。其实他已有所考虑,找我聊天无非是增加点砝码而已。

我在汪道涵身边工作,随从他在上海市长任期的全过程,相互熟悉,几无隔阂。他难得空闲时常找我聊天,有时夜深人静也会通过电话聊几句。聊起来,东扯西拉,看似没有主题,实际上是有内涵的。有些事就在闲聊中定下来,像苏东坡《赤壁怀古》的词里面写的那样,"谈笑间,樯橹灰飞烟灭"。这就是他儒雅的一个侧面。

国际形势风云多变。作为全国经济中心和改革开放前沿阵地的上海,许多重大决策和举措都受国际形势的影响,及时研判国际形势很有必要;上海人才济济,有足够的力量加强对国际问题的研究;宦乡推动成立了国务院国际问题研究中心(后易名为"中国国际问题研究中心"),已做出榜样;汪道涵从市长任上退下来，有精力、有时间来关注这方面的研究，为此倡导和推动成立了上海国际问题研究中心。就这样，这个中心顺应形势发展要求，又在各方面条件具备时，自然而然形成了。

访谈者：这样一个机构的主要作用是什么？

钟鸣：成立这样一个研究机构，是要借助于它的平台，整合与国际问题研究的有关组织和人力，发挥更大的作用。

国际问题研究与改革开放是紧密联系的。成立一个机构把这方面的研究力量组织起来，就能发挥更大作用，这对上海改革开放具有积极意义。可是，当时上海市党政机关很多领导对此是不理解的，他们认为国际问题都是中央关注的问题，跟上海关系不大；或认为上海已有不少关于国际问题研究的单位，何必另立机构……所以并不把这个当回事。

国际问题的研究范围非常广泛，海阔天空，无边无际。这是一门边缘科学、交叉科学。当时上海研究国际问题的机构很多，研究力量很强。专业研究就有上海国际问题研究所、上海社科院世界经济研究所、世界经济学会、国际关系学会等；还有复旦大学附设的国际问题研究机构，交通大学等也有这样的机构。但是，大家各自为战，互不通气，很分散。如能够把大家集合起来，加强合作，就能够提高整体研究质量。

如何整合这些力量？这是个重要的问题。为此，有必要建立一个组织，把分散的有关单位和人员凝聚起来，通过协调、沟通、交流、相互切磋，不断提高研究的质量。这正是国际问题研究中心的责任。汪道涵顺应形势，成立这个国际问题研究中心，就有了一个很好的平台,组织协调和推动全市的国际问题研究。

访谈者: 当时对这个机构的管理和组织架构是怎么考虑的?

钟鸣: 1985年,在汪道涵倡导以及宦乡支持下,上海国际问题研究中心成立了。

这个机构是直接挂靠上海市政府的。因为汪道涵的身份比较高,如果挂在社科院或其他单位,谁管也不太合适。所以呢,直接挂靠市政府并保持相当大的独立自主比较好。这样,市政府办公厅代管管理中心的一些组织人事,以及对中心事务方面给予保障,就方便多了。当时,担任市政府办公厅主任的万学远同志明确表态,他只是负责中心的一些相关事务,中心的业务工作他不插手。

在组织架构上,汪道涵有仔细考虑。筹组初期,由他自任总干事,安排蔡北华、陈启懋为副总干事。蔡北华是老革命、老资格,刚从上海社科院的副院长位置退下来,在学界有很广泛的联系。他又是老好人,容易同各方面相处,有利于协调各单位关系,方便开展工作。当时,陈启懋是上海国际问题研究所的所长,这是与上海国际问题研究中心正相对应的单位,也是首个与中心关联的单位。他的工作重点在研究所,兼任上海国际问题研究中心副总干事职务,但不参加中心的具体工作。

到1986年,为了加强领导、推进工作,对国际问题研究中心的领导班子作了调整和补充:

设名誉总干事,聘请宦乡和汪道涵二位长者担任。总干事由蔡北华担任。副总干事陈启懋，还补充了2名：一个是我（其时我已从市政府研究室调任爱建公司副总经理），并指定为常务；另一个是市外贸公司的总经理郭忠言。同时，调来王志平为专职秘书长。

我这里有一份市政府1986年9月10日颁发的文件，增补我和郭忠言为中心的副总干事，可以验证中心的隶属关系。这不是市政府办公厅转发的，而是市政府直接批复的文件，抄报市委，抄发爱建公司和外贸公司。这份文件上的用词是"同意"，意思是同意汪道涵的意见而增补的。

访谈者：上海国际问题研究中心的主要工作方向是什么？

钟鸣：在中心组建和发展过程中，宦乡和道涵都明确指出，上海国际问题研究中心要在协调国际问题研究和推动对外开放两方面发挥作用。这是中心工作的两个基本方向。这涉及中心的主要任务是什么，要怎么干，往哪个方向发展。对这些问题，汪道涵的思路非常清晰。

1987年我到北京，特地到宦乡家里去拜访。汪道涵专门给写了便条做介绍，否则宦乡也不认识我。当时中心办公室主任陈宽宏也帮我引路（他原先在中央办公厅工作过，对北京的情况比较熟悉）。我是作为上海国际问题研究中心副总干事向名誉总干事汇报与求教来的。

宦乡是一位非常朴实的领导，他对国际问题研究中心的评价也是非常实事求是的。他说，这个中心说有用也有点儿用，说没用也确实没什么大用。最主要的功能，就是要提供相关国际局势的一些分析给领导做决策参考。上海是中国的经济中心,研究国际问题非常必要。开放越多的地方,越需要国际问题的研究。特别是像陈国栋、汪道涵这样能够高瞻远瞩的领导,他们具有国际视野,要放眼全球研究中国和上海的发展,对国际问题的研究是必不可少的。这跟领导的眼界有关系,有远见的领导就会感觉到国际问题研究有作用。有的领导自以为是,总觉得自己比别人高明,根本不想听别人的意见和建议。对这样的领导人来说,你的研究报告就一点用也没有。

这次拜访宦乡,我还对上海准备召开国际问题研讨会向他作了简要汇报。

访谈者: 您对中心工作印象比较深刻的有哪些事?

钟鸣: 当时我已经到爱建公司去担任副总经理了,但是领导叫我负责中心的常务,那也要把这份责任担当起来,努力把工作做好。

到如今印象比较深的,是我经历的两件大事,对应着中心的两大工作方向。

头一件事,在上海组织召开了一次国际问题研讨会。召开这个研讨会的议题、议程早已提出来了,可是迟迟无人过问。我被委以常务副总干事后,看到会期将近,却没有人抓,有点着急,于是就主动总揽这个事情。"人无头不走,鸟无头不飞",你一抓,工作的轮子就转动起来了。

这个会议,当时决定由上海国际问题研究中心主办,协办的有好几个单位,主要是上海国际关系学会和上海外贸学院,积极性很高。我们中心主要起个领导、组织、支持作用,具体工作协办单位很多人会来争着做的。最积极、最突出的是上海国际关系学会的金应忠,他几乎天天到中心来,找我商量有关事宜。还有,外贸学院也非常积极,经常来主动汇报汇报他们的工作进度。大事及时向汪道涵、蔡北华请示汇报,具体问题当场商量拍板,工作效率相当高。

这个会议举办时,汪道涵和宦乡都参加了,吴敬琏也来了。上海有关的学术界人士,像著名的学者陈彪如、余开祥、汪尧田等,都踊跃参加了这次盛会。这在上海是相当有影响力的一次活动。

另一件事,也是在1987年,我以中心的名义到香港去参加了一次学术交流活动。这次活动,主要是对上海的开放进行深入探讨。一起去参加的是熊永石,他主讲上海经济区的建设和发展,我主讲上海投资环境的重新评估。(可能由于不久前,国务院批转《上海经济与社会发展战略汇报提纲》,这个汇报提纲是我主笔起草的,因而被邀。)

这么大的话题要郑重对待。因此参加会议前,我曾到市委向江泽民(时任上海市委书记)请示汇报过,主要是:在香港有这样一个活动,我要不要去参加?这么大的主题,由我去讲合适不合适?讲话注意些什么?对对口径,希望他给予指示。

香港这次活动很热闹,我方参办的主要是香港经济导报社。新华社香港分社、华润集团有限公司、上海实业集团有限公司都参加了。我的发言题为《上海的开放与发展》。没想到这个会议在香港是那么轰动。很多报刊都发表了我的发言,《香港文汇报》全文刊登了我的发言稿,《香港经济新闻报》《香港信报》等都发表了我的发言摘要。特别是对上海利用外资不断上升、上海设立证券交易所势在必行等方面,都予以重点报道,反映出海内外对于上海在改革开放中的动向与地位的高度关注。

交流会结束,我乘轮船回上海。锦江轮船公司总经理是我的老朋友,特地给安排了一间空闲的头等舱。难得有这么好的条件,我利用海上航行2天多的时间,写了一篇赴港参加上海投资环境重新评估会议的简要汇报。一到上海就把这篇汇报稿送市委印刷厂付印,第二天取回印刷好的简要汇报,直接送呈江泽民书记审阅,完满完成任务。

上海国际问题研究中心有一个内部刊物《情况与反映》。如能找到那个刊物的话,很多经历应该会更清晰,具体活动也就更准确了。

钟鸣:曾任上海市政府研究室主任,上海国际问题研究中心常务副总干事。访谈者贾继锋:曾任上海国际问题研究中心办公室负责人;方针:中共上海市委办公厅原工作人员。

难忘上海国际问题研究中心

——汪老如何引领我们研究国际问题

潘 光

自1995年起,我担任由汪道涵创建并任主席的上海国际问题研究中心秘书长(后改为主任),在他的直接指导下进行研究和协调工作,耳闻目睹他对世界政治、经济、文化、历史等方面的深入探讨和独到见解,深受启示和教益。

一、睿智儒雅 学识渊博

汪老知识渊博、记忆力强、重视掌握第一手资料、善于对复杂问题深入探研,这是所有了解他的人的一致评价,在国际问题研究方面表现尤为突出。

两岸问题与中美关系密切相关,一直是他高度关注所在。但他特别强调,要研究中美关系,首先要研究美国、了解美国。记得他经常强调以下这几点:要研究美国经济,经贸因素在中美关系中将日趋重要;要研究美国的利益集团,各利益集团之间的冲突必然影响中美关系;要研究美国国会,不了解它,就难以搞懂美国政策的多面性和多变性;要研究美国的传媒,它是美国软实力的组成部分，又对美国的政策产生影响、形成制约；要研究美国的宗教和族裔问题，如美国的犹太人，搞清了这个问题，才能真正了解美国。看看中美关系这些年来走过的历程，汪老强调的这几点有多么重要不言而喻。

他同样重视研究日本，认为要发展中日关系，双方必须加强交流，促进互相了解。他在日本政治、经济、文化、学术各界都有许多朋友，一直保持着密切联系。他曾让我起草过给日本方面的一些回信，有给日本电气和野村集团研究所负责人的，有给早稻田大学和庆应大学教授的，也有给前大藏相和政党领导人的，信中谈的大多是改善中日关系、促进中日交流的话题。2001年年初，我陪汪老见日本著名历史学家山田辰雄教授。汪老首先向山田教授详细了解日本国内对历史问题的不同看法，随后又请教授就解决中日间历史问题和改善中日关系提出建议。对山田的建议，汪老十分重视，又找了几位专家一起研究，最后写成材料上报。

汪老也十分重视俄罗斯研究。每年11月在上海召开的俄罗斯问题研讨会，他几乎每次都要参加，还参与讨论、发表看法。最后一次是2003年11月，他仍抱病与会，虽没有讲话，但仍像以往一样仔细听取大家的意见，还认真记录。临离去时，他还向自己所熟悉的学者们一一道别，这是许多研究俄罗斯、中亚的学者最后一次见到汪老。

令我惊讶的是，汪老对犹太研究也十分投入。1997年的一天晚上，他要我陪他去见美国犹太裔金融家摩里斯·奥菲斯（曾任约翰·霍普金斯大学董事会主席），并让我随带一些中国出版的犹太学书籍。见面后，汪老将我带去的书赠给奥菲斯先生，并向他详细介绍了每本书的内容，从中可见他对犹太文化、历史，特别是美国犹太人均有深入研究。他经常叮嘱我要注意研究美国犹太人，要重视研究犹太教，还多次要我找有关这两方面的书和资料给他。后来，汪老还担任了我们上海犹太研究中心的高级顾问。

汪老特别重视研究世界经济和国际金融问题。记得在中国进入 WTO 前后，汪老几乎每隔几天就要把研究国际关系和世界经济的学者召集到一起研讨相关问题。他在认真听取大家意见过程中不时插话，经常问的是："你这个看法的根据是什么？""有没有具体数据？"他特别重视中国加入 WTO 可能产生的负面影响，多次就此召开专题研讨会。他也很重视 WTO 知识在中国的普及，亲自与龙永图先生一起主编了有关 WTO 的读本。

汪老十分重视国际上出现的一些新趋势、新问题。2001 年年初，他在听取出访归来的北京学者汇报信息经济和信息安全问题时指出："对这些新问题，我们一是要虚心学习，二是要加强研究，不能虚心学习，就无法推进研究。"他在病中还很关注一些全球性问题如非传统安全问题，特别是恐怖主义、能源安全、公共卫生突发事件等问题。

对一些人们不太注意的发展中国家，汪老同样注意进行调查研究。1995 年我陪他出访马来西亚，他每到一处都要向接待他的马方官员、学者提出许多问题，有的一时没听懂就再次提问，真正是不耻下问。他对我说："我对马来西亚不了解，这次是学习之旅,大长见识。"1996年江泽民主席出访非洲前,汪道涵与我们一起涉足不太熟悉的非洲研究,经上海国际问题研究中心组织几次研讨后形成一个分析报告,又经他反复审阅修改后上报。他还多次提醒我们要加强对印度和中印关系的研究。

汪老嗜书如命,读的书古今中外、政经文史无所不包。我们经常看到他在上海社科院门口淮海路上的三联书店里专心致志地阅读,有时一站就是1个小时。有一段时间,中国现代国际关系研究院将赠给他的《现代国际关系》寄到我这里,由我转交给他。我发现他每期都读得很认真,对其中重要的文章还作点评,或推荐给我们阅读。他经常说,读书就是生活,其乐无穷。我想,这正是他具有很高学术水平的扎实底蕴所在。

二、洞察剖析 远见卓识

在研究国际关系和全球问题时,汪老善于透过表象抓本质,从战略角度进行纵深剖析,对国际上的许多发展做出准确的前瞻性判断。

1996年春,中美之间因台海局势紧张而出现对峙局面。5年后的2001年春,中美关系又因撞机事件而陷入危机。在这两次危机期间,上海国际问题研究中心都组织了多次小范围研讨。记得汪老在会上强调,中美之间虽有矛盾和冲突,但又有许多共同利益,一定要强调求同存异,同时中美关系又受到全球形势发展的影响和制约,只要我们沉着应对,善于周旋,转机总是会出现的。事后的发展均证明他的看法是有远见的：经过中美双方共同努力，1997年中美关系明显转向缓和，当年10月实现了江泽民主席访美，次年又实现了克林顿总统访华；2001年"9·11"事件发生后，中美关系迅速走出低谷，布什总统10月来上海参加APEC首脑会议时与江泽民主席会晤，随后中美双方在反恐等一系列问题上展开了富有成果的合作。

1996年夏秋，中日关系因钓鱼岛等问题一度十分紧张。国际问题研究中心为此召开中日关系研讨会，探讨影响中日关系的一系列负面因素。汪老在会上指出，在中日关系中制造麻烦的人在日本只是少数，广大日本人民是希望中日友好的，这是我们对日工作的基础。他强调中日两国一衣带水，两国文化同宗同源，促进两国的文化交流十分重要，特别要加强青少年之间的交流和沟通，要反对狭隘的民族主义和民族沙文主义。事过多年，他的这些看法对我们今天正确处理中日关系仍然具有重要现实意义。

汪老对苏联解体后苏联地区的发展也十分关心，进行了跟踪研究，并且特别重视从中汲取对中国有益的经验。记得2000年元旦刚过，他就召集京、沪两地10多位学者研讨普京出任代总统后俄罗斯形势的发展。他在会上多次发言，对俄局势和中俄关系作了分析和展望。后来的发展证明，他的看法是正确的。近年来我一直研究上海合作组织，他对这个问题也十分关心。"9·11"事件发生后，上海合作组织一度面临严峻挑战，但汪老认为这只是暂时现象，上海合作组织一定能克服困难稳步发展。他要求我们加强对推进上合组织经济合作的研究，特别要重视能源问题。现在,稳步前进的上合组织即将迎来 20 周岁生日,事实再次印证了汪老的远见卓识。

关于东亚经济合作问题,国内一度有些不同看法。汪老对此十分重视,多次找专家学者进行研讨。商务部(原经贸部)著名专家周世俭就此提出了有价值的看法和建议,得到汪老支持,将他的意见整理上报,对促进中国参与东亚经济合作进程发挥了重要作用。

汪老在这些方面所作的研究和发挥的作用实在太多,难以一一枚举。他本人则乐当无名英雄,从不在公开场合提起这些,因此许多事情并不为外界所知。我相信,随着将来更多的外交档案和其他材料解密,以及更多的关于他的回忆著述问世,人们终将了解他所作出的贡献具有多么重要的价值。

三、平等讨论 提携后学

在学术讨论中,汪老从不摆架子,总是强调大家是平等的,要畅所欲言,有不同看法可以进行辩论。他总是先认真听取大家的看法,特别是与他的观点不同的看法,然后在思考辨析后提出自己的看法。

1998 年 2 月,国际问题研究中心召开"面向 21 世纪的中美关系"国际学术研讨会,汪老在会议期间抽空与何汉理、李侃如等美方主要学者一一单独会见交谈。在遇到不同看法时,汪老都直截了当地提出自己的观点,同时也认真听取对方的意见。他开玩笑地说:"现在流行辩论会,你是正方,我是反方,大家都是平等的。"2000年,江泽民主席出访中东前,他找我去谈中东问题,第一句话就说:"这个问题我不熟悉,你是老师,我是学生。"2002年,国际问题研究中心召开"国际恐怖主义和反恐合作"国际研讨会。会后我向他汇报时,他提出了一些与我们的看法不同的观点,但又说:"恐怖主义问题还需深入研究,我的看法也许不全面,大家可以保留自己的观点,留待以后的发展来检验。"在学术领域,汪老永远是一个与我们进行平等切磋的朋友。与汪老在一起,我们感到无拘无束,似乎又回到了当学生时在课堂上进行辩论的那种激情之中。

对于我们这些学术界的后来人来说,汪老又是一个受人尊敬的长者,一个诲人不倦的良师。他善于在学习和研究中发现有分量的著述,特别是有潜力的年轻学者的作品,并将其推荐给国家领导人、各级官员和他的书友们。中国社会科学院邢广程的《苏联高层决策七十年》和外交学院苏格的《美国对华政策与台湾问题》两部力作,都是汪老高度赞赏和极力推荐的。汪老还与邢、苏两人多次当面切磋,对他们的研究给予指导。现在,邢广程担任中国社科院中国边疆研究所所长,苏格担任中国太平洋经济合作全国委员会会长。1996年,我陪汪老访问南京大学,学生们希望他做一个讲演,尽管日程安排十分紧张,他还是欣然答应。记得那天南大礼堂里挤满了热情洋溢的年轻人,汪老也十分高兴。在纵论国内外大事的同时,他深情回顾了自己青年时代在南京学习的经历,鼓励同学们奋发努力。讲演结束后,汪老还回答了许多问题,简直是欲罢不能。当汪老离去时,同学们齐声高呼:"汪老再见!汪老保重!"1998年年初汪老出访美国时,在百忙中会见了硅谷地区的中国留学生,鼓励他们发奋创业、努力进取,还为他们题写了8个大字"天地为怀,高远存志"。现在这些留学生中有些已是美国大企业的总裁,有的则回到国内创业,取得了辉煌的业绩。汪老对年轻学者遇到的困难也十分关心,尽力帮助。复旦大学国际政治专业一位博士生毕业分配工作时遇到一些困难,汪老多次过问,深夜还打电话给我询问情况。

汪老担任了中国国际问题研究基金会、中国国际战略研究基金会、中国改革开放论坛等许多智囊机构和思想库的名誉会长和高级顾问,还是国内外许多大学的名誉教授和名誉博士。汪老在国际问题领域里有着许许多多学界朋友,他经常与他们促膝谈心,切磋学问。学者们都愿意向汪老讲心里话,在汪老面前知无不言,言无不尽。就我个人而言,无论在中亚和俄罗斯研究、中东研究、亚欧关系研究领域,还是在犹太研究、反恐研究等方面,都得到过汪老的帮助和指导。对我的几本专著,他都提出过中肯的看法和建议。如《犹太民族复兴之路》一书,就得到他多方指正。书出来后,他立即要我送去两本,一本自己留存;另一本直送中央领导人。他还在百忙中为我主编的《犹太人在中国》和《犹太人在上海》两本书题写了书名。他的教诲将永远铭刻在我心中。

现在,上海社科院欧亚所和亚太所已并入上海国际问题研究中心,成立了全新的上海社科院国际问题研究所,由原上海国际问题研究中心副主任王健出任所长。在研究所的门口,矗立着汪老的铜像。每看到铜像,我总是感觉汪老仍然在引领我们研究纷繁复杂的世界。

潘光:曾任上海社会科学院东欧中西亚研究所所长、上海国际问题研究中心主任。

中亚和上合组织研究是如何成长为科研新品牌的
——回忆欧亚所整合力量、开拓创新的一段历程

潘 光

1992年11月,由原来的苏联东欧研究所和世界史研究中心合并组成的东欧中西亚研究所(以下简称欧亚所)正式成立。院领导决定,将原任历史所副所长的我调任这个新所的所长。

一、建所之初的磨合期

两个单位合并后,经历了一个磨合期。起初,来自两个单位的人员互相之间都不熟悉,办公室也是一分为二的:来自世界史中心的科研人员集中在一个大办公室办公,而原来苏东所的人员则分散在其他几个小办公室里。为了整合两个单位的人员,我和来自原苏东所的胡士君副所长做了大量思想工作,并通过调整研究室、办公室来促进人员结构上的交叉互补。同时,我们又通过欧亚所党支部和工会的活动增进双方的接触和了解,

增强欧亚所这个新集体的凝聚力。

然而,作为一个研究所,能使原来自两个单位的科研人员真正形成一个新的整体的主要驱动力,还是双方优势互补的学术结合点和科研增长点。在经历了一个磨合期后,我和胡所长逐渐认识到了这一点,并开始按照这一思路采取行动。后来的事实证明,这条路是走对了,远比通过行政手段进行整合效果要好。

二、寻找优势互补的学术结合点

首先,我们对原苏东所和世界史中心科研人员的状况和优势进行了剖析。世界史中心的强项主要是中东研究,尤其是犹太以色列研究已在国内外具有影响;同时,中心对世界历史的综合研究也有优势,特别是中外关系史、中东史、欧洲史、美国史、日本史和韩国史的研究比较强。苏东所的主要研究范围则是苏联东欧。苏联解体后分解成了俄罗斯、乌克兰、白俄罗斯、摩尔多瓦、波罗的海三国、高加索三国和中亚五国等几个板块。原来的苏联研究必须尽快转型,寻找新的科研增长点。同时,冷战结束后欧洲逐渐融为一体,原来狭窄的东欧研究也已不适应这样的发展,需要扩展为东中欧研究,乃至对整个欧洲的研究。

根据这一新形势,我们经过反复分析,认定中亚研究可以成为两个单位原有学术积累和研究特长的一个主要学术交叉点。从国际关系和欧亚大陆的大格局来看,只有中亚是两个单位在研究领域和地域上相互交叉和重叠的:从事中东研究往往涉及中亚地区,这两个地区在历史上就通过丝绸之路连接在一起;在语言上,中亚各民族或是讲波斯语或是讲突厥语,和伊朗、土耳其的联系非常密切;在宗教信仰上、中亚各民族同中东各国大都信仰伊斯兰教;就能源问题而言,两个地区也是密切相连的。

这样一种优势互补的学术结合还有几个有利因素:一是中亚与中东、东亚、俄罗斯、欧洲、美国均有密切联系,还有着丝绸之路这一厚重的历史底蕴,因此原两单位研究中东、东亚、欧洲、俄罗斯、美国、世界史的学者均可发挥作用;二是当时上海在俄罗斯、欧洲、中东研究方面都已有较强的研究机构,但在中亚研究方面却非常薄弱,有利于我们创建"人无我有""人有我强"的特色;三是中国与后苏联时代中亚各国的关系迅速发展,"上海五国"机制正在酝酿之中,我们开展中亚研究,也可为国家建言献策,发挥智库作用。

三、新科研增长点的形成

接着,我们便在院领导支持下将中亚研究确定为一个新的科研增长点,并围绕它设计了一系列课题,使大家能够围绕这些课题共同开展科研,从而自然而然地形成一个新的科研团队。同时,我们决定每两年召开一次中亚问题学术研讨会,以此作为一个拓展国内外学术交流,扩大学术影响的平台。当然,在抓这个学术增长点的同时,我们也继续打造犹太研究这一已有的特色,努力加强俄罗斯研究,并将东欧研究逐渐扩展为欧洲研究。

1993年召开的"中亚问题学术研讨会"是这个尝试迈出的第一步。当时我们不敢将其命名为第一届中亚问题学术研讨会,因为不知道以后是否还会有第二届、第三届研讨会,也不敢开国际会议,只邀请了国内学者。原来苏东所一些研究俄罗斯的学者和世界史所从事中东研究的学者都参加了会议,从而把两个单位的研究力量在一个共同的学术兴趣点上结合了起来。当时有20多位国内学者、专家出席了会议,发言非常踊跃,《解放日报》也专门报道了会议上的一些精彩观点。据了解,这是上海首次举办全国性的中亚问题研讨会。到了1995年,我们在已有的基础上俨然推出了"第二届中亚问题学术研讨会"。此时,欧亚所也已形成了一个中亚问题的研究热点,原来两个所的科研人员都参与到了这个课题的研究中,同时开始陆续发表一些高质量、有影响的学术成果。第一个比较重要的课题就是"巴尔干-高加索-中亚冲突热点带研究",这既包括了原来的苏联东欧地区,也涉及了中东的边缘地区。参加项目的有我、余建华、姚勤华和已故的邓新裕研究员,既有原世界史中心的人,也有原苏东所的人。这个课题被列为院重点课题,成果形成了若干专报,并以论文的形式发表在中国社科院欧亚所主办的《东欧中亚研究》这本核心期刊上,得到了各方面的好评。

四、创建优势品牌——上海合作组织研究

1996年4月,"上海五国"进程在上海启动。我有幸参加了

一系列活动,亲眼目睹了这一历史性事件,上海电视台还专门对我进行了专访。我们立即意识到中亚问题有了更广阔、更具战略意义的研究空间,而且上海在这一研究领域内第一次占有了一个独特的地位,因为"上海五国"是在上海诞生的,又以上海命名。此后,我们便将"上海五国"作为我们中亚研究的一个重点。这时,上海已形成了俄罗斯研究优势在华东师大、欧洲研究以复旦大学为翘楚的格局,而我们就在这个夹缝中慢慢地把中亚研究,特别是"上海五国"研究的旗帜举了起来。1997年我们召开的"第三届中亚问题学术研讨会",开始把"上海五国"研究作为主要议题之一。

1999年召开的"第四届中亚问题学术研讨会"是一个非常重要的转折点。这届研讨会上,外交部的有关领导和汪道涵老市长出席了会议,同时还有来自全国各地,包括来自新疆的学者到会。在会议上,大家已把关注的重点转向了"上海五国",对"上海五国"如何进一步发展,能否形成一个新的地区合作机制等问题进行了深入广泛的讨论,并写了很多有价值的对策建议。2000年,我们在院领导的关心和大力支持下,在欧亚所原有的中亚研究中心的基础上,正式成立了"上海社会科学院'上海五国'研究中心",这是全国也是全世界第一个专门研究"上海五国"的学术机构。

2001年年初,外交部专门召开会议商讨"上海五国"的升级问题,我们在会上提出了一系列政策建议。其中最重要的一条就是:建议"上海五国"应该升格为一个地区组织,组织的名称可延续"上海五国"之脉,称为"上海合作组织"。当时,有人提出将该组织命名为"中亚合作组织",也有人建议叫"欧亚合作组织",但"上海合作组织"这个名称得到了大多数人的赞同,此后又得到了外交部领导的支持和中央领导的批准,后来也获得了俄罗斯和其他3个中亚国家的同意。在这样的形势下,我们赶在"上海合作组织"成立前夕,于2001年5月召开了第五届中亚问题学术研讨会,中国前驻俄罗斯大使李凤林在会上做了精彩发言,与会学者也就成立上海合作组织纷纷建言献策,提出了许多独到见解和建议,并由李大使带回外交部。6月15日,上海合作组织成立当天,中央电视台邀请我作为现场直播的嘉宾主持,向全世界介绍"上海五国"——上海合作组织进程的背景、内涵和伟大意义。上海合作组织成立后,我们中心即改名为"上海合作组织研究中心",李凤林大使担任了中心的高级顾问,成为全国第一个专门研究上海合作组织的学术机构,当时在全球也是"独此一家、别无分号"。

五、整合全所力量　拓展国际影响

在这一过程中,我们欧亚所的大多数科研人员都参与到了中亚问题和上海合作组织研究之中,不仅包括了原来两个单位的人,而且还吸收和引进了一些新人。可以说,此时我们已经通过支部、工会、研究室等各种形式,特别是通过新的科研增长点和课题把原来两单位的人员整合在了一起,形成了具有很强凝聚力、浑然一体、没有什么隔阂的共同体。

2003年召开第六届学术研讨会时,我们首次将国内学术研讨会升格为国际学术研讨会,并将会议正式改名为"第六届中亚与上海合作组织国际学术研讨会"。在这个过程中还形成了一个学术合作群体,就是由上海市对外文化交流协会、外交部的中国国际问题研究基金会、上海社科院上海合作组织研究中心和上海国际问题研究中心4家单位共同发起和主办这一会议。来自世界各国的学者出席了会议并进行了热烈的讨论,圆满地完成了会议的各项议程,使研讨会一炮打响。2005年我们召开"第七届中亚与上海合作组织国际学术研讨会"时,上海合作组织秘书长张德广亲临会议做主题报告,会议上高朋满座,云集了美国、俄罗斯、日本、欧洲、中亚和中国的一流专家学者,会议开得非常成功。

2006年6月,上海合作组织峰会在上海举行。我们在峰会举行前推出了《21世纪的第一个新型区域合作组织——对上海合作组织的综合研究》(国家社科基金课题最终成果)这本专著,并赠送给中央领导和上海市的领导,为这次峰会在上海成功举行作出了贡献。在这几年里,我们承担了一系列研究上海合作组织的国家课题、上海市课题和其他省部级课题,取得了丰硕的成果:我们的专报获得了各级领导的充分肯定并做了重要批示;我个人撰写的《上海合作组织与中国的和平发展》获得了上海市邓小平理论优秀成果奖二等奖;我们编辑的《上海合作组织资料汇编》已出了三辑,获得各方好评。现在世界各地都知道上海社会科学院有个上海合作组织研究中心,许多学者和研究生来到中心交流和求教。至此,我们的上海合作组织研究及"中亚与上海合作组织国际学术研讨会"已经形成了品牌,在国内和国际上都有了较高的知名度。

六、硕果累累的成功之路

2013年,习近平主席宣布在上海政法学院建立中国-上合组织国际司法交流合作培训基地(以下简称中国-上合基地),我受邀担任了基地的首席专家。此后,"中亚与上海合作组织国际学术研讨会"由中国-上合基地和我们上合研究中心联合举办,2019年举行了第十四届研讨会,2021年将举办第十五届研讨会。2014年,我们承担的又一个国家级上合组织研究课题结项,推出了力作《稳步前进的上海合作组织》。同时,中国提出的"一带一路"倡议已成为我们中亚和上合研究的重要内容,推出了一系列成果。

中亚和上海合作组织研究逐步从两个所的学术结合点发展为一个学术增长点,最后确立为转型后成立的上海社科院国际问题研究所的优势学术品牌,走过了近30年的历程。这也是两个单位合并后不断磨合、团结奋斗、最终形成一个具有凝聚力的整体的过程,其间可谓人才辈出、硕果累累。这是我担任欧亚所所长期间最引以为豪的一件事,因为这个学科是我们欧亚所全体人员同舟共济、齐心协力、并肩作战取得的成果。可以这么说,上海合作组织研究成为我院的一个国内一流、国际知名的学术品牌,凝结着我们大家的心血。在这里,应该提一下为此作出过贡献的同志:王健、余建华、胡键、姚勤华、李立凡、王震、戴轶尘、张屹峰、丁佩华、傅勇、罗爱玲、赵国军、孙霞、顾炜、廉晓敏、赵建明、周国建、沈国华、姚勤、黄崇峻、汪舒明、康璇、刘锦前、朱雯霞、张忆南、周晓霞。作出了重要贡献的张健荣和邓新裕已经离开了我们,我们深切缅怀他们。

在纪念我所成立40周年之时,详细回忆、记述欧亚所整合力量、开拓创新的这段历程,具有非常重要的启示意义。

潘光:曾任上海社会科学院东欧中西亚研究所所长、上海国际问题研究中心主任。

面向亚太,研究国际

周建明

一、亚洲太平洋研究所的建立

上海社会科学院亚洲太平洋研究所于1988年开始筹备,于1990年由上海市人民政府委员会编制批准正式挂牌成立。这个研究所之所以成立,是因为随着中国走向对外开放,与外部世界的联系越来越多,需要研究的问题也越来越多。最初,我院经济研究所马伯煌教授用"谭龙"的笔名给院党委写信,建议在新的形势下加强对以亚洲太平洋地区为重点的国际问题研究。这个建议受到院党委的重视,于1988年起成立以金行仁研究员为组长,我和姚为群为副组长的亚洲太平洋研究所筹备小组。1990年,上海市人民政府正式批准该研究所成立。金行仁为首任所长,后由我院世界经济研究所副所长王曰庠兼任,再以后是俞新天。当时市政府和院党委对于办亚洲太平洋研究所的初衷是为了适应改革开放的需要,为上海的进一步对外开放服务。在研究所成立不久,国家社科规划办的一位领导来我所考察时也专门指出了这一点。他说:"我们国家的对外开放现在主要集中在东部沿海地区。从中国的地形来看,东部沿海地区就像一张弓的弓背,长江就像搭在这张弓上的箭,上海就是这支箭的箭头,将在我国的对外开放发展中承担重任。你们这个研究所就是要为这个任务服务。"这就是当时国家对亚洲太平洋研究所的期望。

二、摸着石头过河

亚洲太平洋研究所是一个以研究亚洲太平洋地区为对象的区域问题研究所,国外称这样的研究为"区域研究",但包含的内容却非常广泛。这不仅是因为亚洲太平洋地区本身涵盖广泛,而且需要研究的内容包括国际政治、国际经济、重要的国别情况、地区的国际组织和敏感和热点问题,以及该地区不同的文明范式,其中包括了中国对外最重要的双边关系中美关系、中日关系、中国与朝鲜半岛关系、中国与东盟的关系,还包括中国在国家统一过程中尚需解决的台港澳地区问题,学科上涉及的一级学科就包括经济、政治、历史、文化。

在当时,我们这些参与筹备建所的人员都是来自不同的专业,像我一样,还不具备行政工作的经验,对于办亚太所可以说一无专业背景,二无办新所经验。好在有了编制和经费,就可以竖起大旗,招兵买马。亚太所最初的人员主要来自院内不同的单位,有来自经济所、哲学所、社会学所、部门经济所、世界经济所、文学所的同事。由于当时国际政治研究领域的研究生,特别是博士研究生的培养主要在大学,而上海社科院的待遇和学术环境与大学相比并无明显优势,一段时间里院外研究国际问题的专业人员几乎招不到。院内来亚太所工作的同事们往往也各有各的想法,有一段时间里所的研究方向是发散型的。有了编制后,进人相对容易,但要建专业队伍是很困难的,主要通过3个途径:一是来自不同专业背景的同事们主动把研究方向朝亚太靠;二是自己培养硕士研究生;三是从复旦大学等高校毕业生中招。刚开始实在招不到毕业的研究生,只能招本科毕业生,尤其是招录复旦国政系、历史系的博士研究生非常困难。在21世纪初,高校已经都要求只招录博士毕业生做教师了,我们还只能留本所培养的硕士生。从高校来我院工作的领导很不理解,我们只能一遍一遍地做解释工作。应该说,在人才构成上,亚太所的专业训练基础并不好,队伍的组成主要靠在实际问题研究中的锻炼。20世纪80至90年代,在张仲礼院长的倡议和大力推动下,我院在职的科研人员获得了许多外出访问与交流的机会。亚太所的同事们在分期分批地外出进行访问进修,对于提高外语水平和专业能力起了很大的作用。同时,对于所初创时期来所工作的其他专业背景的资深研究人员,亚太所也尽量创造一个良好的科研环境,让大家能发挥好自己的作用。

亚太所的开办困难不只是这些,还有一个突出的问题是缺经费,财政预算只能保证工资和有限的人头办公经费,其余要自己想办法。当时上级要求事业单位都办三产,通过办三产创收,弥补财政预算的不足,特别是发放单位的福利和奖金。当时,上海社科院和各研究所有注册开办公司的,但秀才经商,大多赚不了钱。许多研究所压缩办公室出租,收点租金给员工发奖金。亚太所是后成立的,只有一间大办公室,连出租的余地都没有。

记得我担任所长之后,有一年年终发不了奖金,只能给院领导写报告,申请补助。当时分管后勤的刘俊德副院长批给我们一点钱,才能够给全所人员发一点"年终奖"。

但是再困难,亚太所也在新的航程中启航了!

三、问题导向的亚太研究

事实上冷战结束以后,整个世界的格局发生了巨大的变化,亚太地区作为中国主要外部环境就越来越突出了。除了中美、中日关系发展很快外,中国与朝鲜半岛的关系也发生了很大改变。1992年,在韩国举办APEC会议之际,中国与韩国正式建交。1994年,朝鲜又与美国签订了核框架协议,朝鲜半岛的去核化出现了新的希望。在东南亚,中国与东盟各国关系都先后实现了正常化。在冷战结束的大背景下,和中国明确的对外开放和建立社会主义市场经济的改革方向,亚洲太平洋地区的贸易和投资自由化成为一股新的潮流,APEC从部长级会议也进一步发展成领导人非正式会议。在这样的大背景下,亚太研究所被形势推向了研究现实问题的舞台。

刚开始时,我感到国际问题研究离我们很远,其中心枢纽在北京,对在上海研究国际问题心中无底。好在当时汪道涵在上海,他一直关心国际问题,同政府部门、经贸部门、学术界的联系极广,经常在不同的范围听取意见,讨论问题。1991年后,他又担任了海峡两岸关系协会的会长,带动了上海对台湾问题的研究。这是我们成长的有利条件。同时,上海已有上海国际问题研究所和复旦大学、华东师大,以及后来的交通大学、同济大学的国际问题研究所等,形成了一个能不断交流观点的学术圈,再加上与北京各单位和境外各学术机构的交流,创造了一个十分有利于国际问题研究和交流的环境,特别是上海有一些对国际问题研究非常有经验的老同志和老前辈,带动着国际问题研究不断向前。在这个过程中我也慢慢懂得了这个道理:无论是身处北京还是上海,对国际问题研究也好,中国台港澳地区研究也好,关键是能立足我们的国家利益,心中有国际、国内两个大局,多多掌握情况的发展,努力做好为中央服务的工作。

正是在这样的大背景下,亚太所逐步建立起与外部的交流联系。特别是与日本的综合开发研究机构(NIRA),与韩国的外交安保研究院,以及与美国、日本、东南亚及中国港台地区的学者建立起稳定的联系。随着对外交流交往的拓展,亚太所的研究能力也不断提高。

四、在亚太所工作的若干体会

从 1988 年参与筹备组建亚太所,到 2009 年因工作调动而离开,我前后在亚太所工作了 20 年,可以说是我在上海社科院工作期间最长的一段时间,先后担任筹备组副组长、副所长、所长,在亚太所的经历,给了我在政治上、在学术研究上和工作能力上学习成长的宝贵机会。回顾这些年在亚太所的工作,有一些深刻的体会:

上海社会科学院是在市委领导下的学术和政策研究机构。

在这样的单位担任行政工作,从事国际和中国港、台问题的研究,首先要有明确的政治意识,遵从市委宣传部和院党委的领导,遵守纪律,自觉地为国家的大局服务,有责任感。

一个研究所的工作,要靠大家。这就要求当领导的要尊重一起工作的同事,依靠大家来办所,群策群力,发挥大家的积极性。同时办研究所也要有章有法,对科研人员有所要求。

国际问题和中国台、港、澳问题的研究并不神秘,只要下功夫,总能找到研究的可用武之地。同时,情况总是在不断发生变化,特别是当今世界新的问题不断出现,研究者总是处在一个不断受到挑战的地位。在研究国际和中国港、台问题中,我体会到以下几点是十分重要的:

深刻理解国家利益。过去,我对此是体会不深的。在相当长一段时间里,因以经济建设为中心,我们在对外关系中突出的是为经济建设的大局服务,而忽略了国家安全是最核心的国家利益,比如,把经贸关系看作是中美关系的压舱石;在推动以"一国两制"来实现香港回归和与台湾的和平统一过程中,也产生过把经济因素看得过重,认为香港回归后只要经济能够稳定发展,其他问题都容易解决;认为海峡两岸只要做到经济上你中有我,我中有你,国家统一就水到渠成。结果并非如此,在这些方面我们都有过深刻的教训。国家利益是多重利益的集合,而其中分为最重要、次重要和一般的利益,研究者需要把握这样的区别,具体地分析问题,才能形成比较符合国家利益的意见。

研究国际问题、中国港、台问题要有战略观念。我们在研究中涉及的具体问题都不是孤立的,与其他方面、与国内的发展稳定都有着千丝万缕的联系。研究者容易关注某一领域或国别、地区研究的前沿，对所研究的对象比较敏感，情况了解得比较早，对这个领域的问题也看得比较深。这些都是长处，但也因为这些长处，往往会强调自己所关注问题的重要性，而忽略其在全局中的分量，提出的意见也容易比较片面或偏激。比如，中印边界很容易发生冲突，原因也往往是印方的无理挑衅。要不要实行武装反击教训教训对方？对此，就必须要从大局出发，从战略的角度考虑。中国台湾的分裂势力与外国敌对势力勾结，不断挑战"九二共识"和一个中国的底线。我们要不要使用武力？怎么使用武力？这些都需要放到全局，从长远的角度做战略上的谋划。战略的观念，实质上就是把握全局的、长远的、不同事物间相互联系的、各种矛盾和问题有主有次的看问题的世界观和方法论。它对于国际问题的研究至关重要。

研究国际问题，离不开对外的交流交往，否则就信息闭塞，耳不聪、目不明。但对外广交朋友，又必须心中有数，严格遵守外事纪律。学术交往并不单纯，特别是国际问题和中国港、台问题研究，背后都离不开双方对国家利益的考虑。所谓"外事无小事"，其实就是指在对外交流交往中往往具有政治敏感性。这些，都是在从事国际和中国港、台研究中应时刻牢记的。

从 20 世纪 80 年代，上海社会科学院建立苏联东欧研究所，1990 年又建立亚洲太平洋研究所以来，国际问题和中国港、台问题研究成了一个生机勃勃的新领域。现在相关研究所又合并组成了国际问题研究所，一批又一批的新生力量不断充实这个队伍，研究的领域也越来越宽，水平也在不断提高。看到这种情况,我作为曾在这个领域工作过的老同事,由衷地感到高兴。也希望在院党委的领导下,在全体同仁的努力下,上海社会科学院的国际问题研究不断取得更大的成绩。

周建明:曾任上海社会科学院亚洲太平洋研究所所长、社会学研究所所长。

我参与朝鲜半岛研究与对外合作交流点滴纪实

刘 鸣

我是1989年10月进入上海社会科学院工作的,当时亚太研究所处于筹备与初期运行阶段,万事待兴,各个地区研究方向人才缺失,基本上是零起步。光阴似箭,一晃已经过了30多年,所以在此回首往事,重拾一些记忆。虽只是一些雪泥鸿爪,但既是对自己事业的回顾与小结,也是为我院后进学人介绍一点我们智库发展历程的基本信息与背景。然而个人经历似近又远,些许记事不一定精确与完整。

一、亚太所所刊创立与我对朝韩问题研究的起步

我1989年进所后,所领导金行仁就让我负责《亚太研究》(4～8张活页)的内部资料的创刊工作,两年内共出版20多期。记得我编辑的第一篇论文是林其锬教授的《五缘文化与海外华人投资》,此文是国务院侨办征文二等奖。第二篇刊载的论文则是我平生第一篇论文,题目好像是《美国同东亚盟国的关系及其政策》。办这个资料性内刊,主要是给我们所研究人员一个

发表园地，因为当时所里许多同事来自院不同研究所，如文学所、哲学所、青少所、经济所、信息所、社会学所，专业方向非常杂，国际关系专业的同事只有一位。但即使办这个资料性的刊物，也非常困难，因为当时经费条件非常拮据，所领导为印刷费200元而不得不多次往返印刷厂讨价还价，可想而知当时的困难程度。

1990年11月，亚太研究所正式成立。1991年4月18日，上海市新闻出版局批准本所出版内部刊物《亚太研究》。同年11月，《亚太研究》更名为《亚太论坛》，王曰痒、俞新天和周建明先后任主编，所领导决定由我任常务副主编。我于1993年赴美国访问交流后，由翁全龙担任常务副主编。《亚太论坛》共出版68期（包括增刊），到2002年停刊，历时12年。这两个刊物在最初运作期间，重点刊发了一系列东亚区域合作、美国军事、东南亚政治与外交、华侨华人、四小龙经济发展模式、东方学（林同华的专题）、东北亚安全、朝鲜半岛形势、韩国对外投资、韩国政治制度等多方面的论文与译文，我的论文《南北朝鲜对话和统一前景评估》也在《亚太研究》上刊登，后又获得院"优秀青年论文奖"。一些国内著名的朝鲜问题专家在我约稿后，贡献了他们优秀的论文，其中包括北京现代国际关系研究所的曹世功，吉林社科院朝韩研究所所长张英等重量级学者。也有不少主动投稿的优秀稿子，包括中国社会科学院亚太研究所的科研人员的文章。确实，当时的考评规制与学术环境与当今完全不同，不论刊物等级，主要以论文字数为考核指标，吸引了很多好的作者供稿。

我本人硕士专业方向是比较政治制度，与国际关系、朝鲜半岛研究内容基本上没有交集。大约1990年，我受外单位委托撰写了有生以来第一篇朝鲜半岛的论文，题目是《南北朝鲜对话和统一前景评估》，其中对中美苏日四大国交叉承认"南北朝鲜"问题进行了重点研究，交稿后得到委托方的肯定与赞赏，它用于一个内部会议。

1992年随着朝韩分别加入联合国，所里派我赴天津东北亚研究所参加全国"朝鲜经济学会"恢复活动后的首次全国会议，并递交了论文。这个学会是当时全国唯一的朝鲜半岛的研究社团，由于其敏感性，所以用了"经济"加以冠名。在那次会议上，承蒙来自中国社会科学院亚太研究所的学会秘书长韩镇涉教授的青睐，安排我做了大会发言，题目大约是《朝韩同时加入联合国的国际法影响》。这个会议大牌云集，大家都蓄势待发，兴致很高，因为这是一个改革开放后百废待兴的时代。学会的绝大部分会员都是出身朝语的专家，或是朝鲜族，或20世纪50—60年代曾就学于北京大学、延边大学、金日成综合大学等学校的朝语专业，我可能是少数几位不懂朝语的与会者，也是会上发言最年轻的学者，更是唯一用英文文献撰写朝鲜半岛议题论文的作者。

会议发言者大多是各单位的重量级学者或学界的老前辈，记得当时最权威的朝鲜问题学者、中国国际问题研究所的陶炳蔚在会上就中韩是否应该建交做了振聋发聩的发言，他是坚决反对建交的一派，其理由之一是苏联与韩国建交后没有得到承诺的利益，他曾经做过毛泽东、周恩来与金日成会谈的翻译。另外一位我当时接触的前辈学者是中国社科院亚太研究所的李相文,也曾经做过抗美援朝期间杨勇司令员的翻译。听了我的发言,加上一部分资深学者阅读过我前面发表的《南北朝鲜对话和统一前景评估》的文章,这些前辈对我作了许多赞许与鼓励,这也使我增强了信心,自此一发而不可收迈进了这个研究方向的大门。

20世纪90年代初我们与西方、周边国家的关系处于低潮。此时,我国与朝鲜半岛的关系也处于转型阶段:同朝鲜的关系已经逐步走向务实化,意识形态的盟友合作色彩已经褪色。与韩国尚未建交,仍然称之为"南朝鲜",但在经济上、人员上开始了非官方的往来,学界、智库(如中信研究所)人员开始频繁访问韩国,力图推进中韩建交,经济学界、国务院对借鉴"汉江奇迹""大集团财阀"与产业政策等发展模式来推动国家经济改革与大企业的发展持有很大的兴趣。

鉴于朝韩1991年先后加入了联合国,两个分裂的政权在国际法上的地位合法化了,在邓小平运筹帷幄的决策下,我国决定同韩国建交。1992年8月中韩建交,上海总领事馆于1993年5月在上海设立,这也为我们上海社会科学院与韩国开展交流关系打开了门。

复旦大学于1992年10月成立韩国研究中心,我所也在1993年5月成立韩国研究中心(后改为朝鲜半岛研究中心)。我所韩国研究中心成立后,举办了一系列的内部会议,成为上海研究半岛政策问题最活跃的中心,北京、上海、东北地区许多重要智库内著名朝鲜半岛专家频频来沪参加会议,其中包括国务院发展研究中心朝鲜半岛研究室副主任翟明久,中央党校的张琎瑰,现代国际关系研究所的戚保良、于美华、陈玉洁等(还有一位他们所所长助理),中国国际问题研究所的周兴宝副所长与虞少华,上海复旦大学原副校长庄锡昌与石源华、任晓,华东师范大学的潘世伟、余伟民,上海国际问题研究所的田中青,上海师范大学的桑玉成,吉林的张英、陈龙山,沈阳的张守山,丹东的安振利等学者。通过交换各种信息与分析,为中央的决策提供了各种信息、政策建议。

二、打开韩国的学术交流之门

1994年朝鲜核危机爆发,朝核成为国际热点,联合国安理会在美国主导下进入频繁的磋商,提出进行核查,否则就进行谴责与制裁,朝鲜的反应非常强烈。美国克林顿政府开始讨论对宁边地区进行定点轰炸。我此时投入精力对这个问题进行跟踪研究,在我所的《亚太论坛》上发表了若干篇论文。驻沪韩领馆开始与我所接触,了解我们的立场。由于当时中国在朝核问题上保持低调的外交,中韩也在外交渠道上有一系列磋商,但韩国不掌握我们对朝鲜施压的全面情况,又认为我们对朝鲜核发展的情况了解得比较多,所以希望利用各种渠道与中方沟通,获取一些我们应对的方案思路。韩领馆可能在接触上海的几个智库后判断,我们所在这方面有较强的研究优势,所以在征询了韩国外务部之后,提议派遣外务部下属的"外交安保研究院"代表团赴上海,与我们讨论应对朝核的方案。

外交安保研究院的代表团来沪时间大概在1995年冬季,由朴尚直、尹德敏与一位外务部特殊政策课的年轻官员所组成。朴尚直是资深外交官,当时的头衔是研究委员,后来他担任了外交安保研究院的院长。尹德敏是年轻的学者,年龄还比我小1岁,他是日本问题专家,他们研究院可能指定他研究朝核问题,后来他在朴槿惠任总统时期担任了韩国国立外交院的院长。那位年轻官员主要任务是记录,担任观察员,整个会谈期间没有发言。

会谈进行了一天,细节内容现在已经很难记起,但总体是分析了朝鲜发展核武器的动因,它的要价,美韩可能采取的举措,中国的立场等。讨论是非常坦诚与建设性的,我方参加人员是周建明所长、王少普副所长及我与另外若干位年轻学者,韩方列席人员包括首任驻沪总领事尹海重,政治理事金一斗等其他两三位领事,口译也是由他们领事担当。双方对会谈的成果都非常满意,韩方也感觉到上海学者的思想开放度与分析问题的水平,表示计划向政府汇报相关情况。当晚,我方款待了韩方人员,晚宴上大家已经不感到拘谨,尹德敏、金一斗与我及我院外事处处长李轶海相谈甚欢,金一斗领事不胜酒力,几乎滴酒不沾,我们还调侃他名字虽然是一斗,但徒有虚名。这次交流后,韩方在1996年邀请了周建明与王少普两位所领导回访汉城(今首尔)。而对于我,则带来了另一个附带成果,韩领馆征询我能否去韩国做访问学者,他们通过内部渠道让"韩国国际交流基金"给我一个名额,我们所也希望我能够去。最终通过金一斗的联系,安排我1996年秋天赴汉城访问半年。

由于这次两所互访交流是特定时期的特定主题会晤,所以并没有后续性交流安排。1998年2月25日，金大中就任韩国总统，当年11月他对中国进行国事访问。访问结束后，他的随行人员，韩国当时最著名的中国问题专家之一、外交安保研究院的朴斗福教授访问了我们所，并提出随着中韩关系进入了一个新阶段，他们院希望除与北京的中国国际问题研究所保持交流关系外，与我们所建立正式的学术交流关系。自此，我们两家学术单位开始了每年一度的互访交流，形式是交替轮流做东道主。

与外交安保研究院的交流大概进行了13次，直至2011年由于他们机构调整，升格为韩国国立外交院而停止。回顾整段交流过程，前五六年双方都比较重视与积极，我方出访的团队由所长带队，他们来访时则由院长带队；我们访问时，他们接待的规格也比较高，出席的方方面面的专家也比较齐。但随着交流的持续与中韩沟通渠道的大量增加，这种互访的效果也就逐渐下降，因为彼此对对方思维方式有了更多的了解，已经很难感到新奇，交流的形式已经大于实质内容。

三、拓展同韩国的交流合作

作为"韩国国际交流基金"的研究员，我在1996年9月中秋之前，抵达汉城，曹世功当时是《经济日报》驻汉城首席记者，他到金浦机场来接我，送我到栖身之地——位于京畿道的韩国精神文化研究院。在韩国我驻留半年，直至1997年3月返沪。在这半年中发生了几件大事：韩国总统由金泳三换成金大中；发生了东亚金融危机；朝鲜黄长烨叛逃。

在韩国的访学奠定了我同韩国交流的人脉与学术基础,因为在此期间我接触了国际关系学界中许多重量级与新生代的学者,也拜访了一些中层负责制定政策的官员。这包括前外长韩升洲(时任高丽大学一民国际关系学院院长)、汉城大学的具永禄、西江大学的李相禹、世宗研究所的李泰焕、外交安保研究院的全丙炫(后任驻华大使)、韩国总统政策咨询委员会委员长徐镇英、韩国民族统一研究院的吴承烈、国际问题调查研究所的金荣华、外交部长助理宋旻淳(后任六方会谈韩国首席代表)、极东研究所的康仁德(朴正熙时期中央情报部海外情报局局长)等。其中,具永禄教授由汉城大学东洋史学科的闵斗基教授介绍,他约我在五星级乐天宾馆的"yesterday"餐厅见面聚餐,这是我平生第一次吃意大利餐,也开始了解韩国学者请吃饭是基本的待客礼遇。具教授是非常绅士派头的老先生,出版过《韩国国家利益》等专著,是韩国国际关系学界的老前辈。当时聊了什么内容已经不记得了,但感觉韩国教授对中国非常不了解,意识形态与学术上的成见很深。康仁德在20世纪90年代中期多次访问我们所,所以我到韩国后,他派出其豪华专车到"精神文化研究院"来接我到他家吃饭会晤,他原来是军方的保守派,也是20世纪70年代安排朝韩第一次首脑会谈的负责人之一,后来成为金大中政府的统一部长,成为进步派,他与我讨论了诸多的统一模式,很有创意,但我认为过于理想主义,后来在我的英文研究论文中对他的模式进行了点评。

我刚到达汉城时,还计划学习韩语,我的邀请人闵斗基教授(著名汉学家)也推荐我去延世大学学习,但后来发现国际关系界的学者绝大部分毕业于美国、欧洲、俄罗斯，所以英语都不错，完全可以沟通。当时去韩国访学的中国学者的英语一般不是很好，参加英语的学术会议时往往无法自由参加讨论。另外中国的经济发展水平与国际学术经历也远不及韩国，所以一部分韩国学者对中国学者、学生有一种自视甚高的态度，这与现在的情况截然不同。由于我能够自如与他们用英语交流，甚至有时比他们毕业于美国的学者表达更流利，他们以为我是美国大学毕业的，但听闻我毕业于国内，他们深感惊讶，所以在交流时明显表现出更多尊重与钦佩。

在1996年11月一次与国际问题调查研究所的交流时，他们对我诸多尖锐、坦率、独到的见解非常欣赏，当天他们负责学术交流的负责人来拜访我，邀请我来年春天参加由他们轮值的韩国国际政治学会年会《韩半岛安全与四大国政策》国际会议，中、美、日、俄四国各邀请一位学者参加。代表美国参加会议的是国务院情报局朝鲜处处长，代表俄罗斯的是外交部第一亚太局局长，代表日本的是庆应大学添谷芳秀助教。这是我第一次受邀参加国际会议并发表英文报告，他们给予的稿酬也非常高，这使我感受到自己的学术价值。参加这次会议的英文论文1997年在李相禹领导的新亚细亚研究所的《新亚细亚》双语刊物上发表，这也是我第一次发表英文论文。在完成了"国际交流基金"项目后，我递交了英文报告"Prospects, Models, and Impact of Korean Unification"，该报告发表于 *East Asia* 1999年第4期上，这是美国新泽西州立罗格斯大学东亚语言与文化系主办的刊物，这也是我在美国刊物上第一次发表论文。

回国后,我接到更多的韩国会议邀请,去韩国访问遂成为我家常便饭的学术活动(大概 25 年内访问了 60 多次),许多学者、官员也非常乐意与我交流,有一次我访问韩国时,时任外务部朝核企划团副团长闻讯后主动约见聚餐,希望听听我对朝鲜最新情况的分析。

在后来广泛深入交流中,有两个官员需要特别提一下,首先是原统一部南北会谈本部常任代表的文大瑾,他与我私谊最长,我们于 1995 年在辽宁社科院时就认识,1996 年我们在汉城多次见面,当时他只能词不达意地讲中文。后来他到北京任统一官,中文大有长进,我去北京公差时,我们还一起去官厅水库骑马。2008 年 7 月—2009 年 7 月,他获得政府高官海外访学项目的资助,来我们院做一年访问学者,我以指导老师名义协助他研究。实际上他来沪后基本上是自由活动,我们所里的活动他也无法参加,因为他无法完全听懂中文,只能参加一些国际会议。但请他做了一场有关朝鲜领导层问题的报告,反响较好。按规定,他们政府有一笔研究费转到我们财务处管理,用于我的指导费,但我分文未动,后来他用这笔钱组织了上海七八位韩国问题学者赴南京汤山进行休闲式研讨会,大家收获颇丰。2009 年他回韩国后任南北出入事务所所长(坡州总部),当年 8 月 17 日他在事务所迎接现代集团会长玄贞恩访朝归来,上海《东方早报》刊登了他迎接玄贞恩的照片与相关信息,而在旁边则是我的一篇有关半岛的文章。后来李轶海处长专门把这一版面复制在镜框内,在他再访问我院时作为礼物赠他,非常有意义。他也非常用功刻苦,退下位置后读了博士,写了博士论文,帮前统一部长撰写回忆录,自己已经出版了2本书。

另一个官员是曾任统一部的副部长、政策局长的李凤朝,这是我接触众多涉朝中层官员中最有政策思想、对朝鲜最具有洞察力的一位,可惜天不假人,已成故人。他20世纪90年代来过我们院一次,我在办公室对面的"邓家菜"餐馆用川菜款待他,他赞不绝口。后来参加统一部组团的京沪学者代表团访韩,他在三清洞招待我们,双方在歌舞声中推杯换盏,谈古论今。

在我们国际关系研究所成立后,同韩国机构的交流也略有拓展。这包括峨山政策研究院、东北亚历史财团、首尔研究院、釜山东西大学。峨山政策研究院是韩国最有全球影响的民间智库,据说每年要举行200多场大小会议。我们所与他们的正式交流只有一次,是为了纪念中韩建交20周年,我们所6个研究室的主任都去了。另外,我还推荐了我们所学者参加他们的会议与访问项目。

东北亚历史财团的交流缘起车在福博士,他是中国社科院毕业的博士生,中文很好,非常积极推动财团与中国的交流。在复旦大学的一次会议上认识后,就做我工作,希望开展交流。由于该财团原来定位是高句丽问题的研究,与我们有政治立场冲突,外交部也对与他们的交流有规定。所以,北京、东北地区的高校、社科院与他们的交流均受阻。但他提出,他们财团已经部分转向现实问题,希望与我们就东北亚安全问题进行共同合作。我同意进行合作,暂不签署MOU,明确不涉及高句丽问题,费用绝大部分由他们承担。2013年在韩国举行第一次会议,我们所6位从未访问过韩国的研究人员参加,由我带队,另外为弥补专业人员的欠缺,我还邀请了中国社会科学院的陶文钊老师、复旦的方秀玉教授、上海国际问题研究院的龚克瑜教授参加。车在福也很用心,多次邀请了中国国际问题研究院的时永明与中央党校的罗建波代表北京方面参加会议。研讨会也有韩国其他单位的学者参加,《中央日报》作为合作方参与,韩国对外经济政策研究院驻北京代表通常会参加上海会议。2014年他们组团到上海,由我们所承办会议。上海社科院党委书记于信汇致开幕词,王战院长会见了所有团组成员。双方的合作会议持续到2018年,共5届。随着合作的持续,我感觉这样的会议再继续开下去的意义不是很大,因为他们财团的科研人员基本上是研究中国与日本历史,他们虽邀请韩国当地专家参会,但明显发现这些专家对他们举办的会议不甚重视,基本上是应付性地参会,也不递交论文,这也可能是财团不是正宗的国际问题研究机构的原因。而我们所做东北亚、朝鲜半岛的学者也是很少,双方的交合点较少。当然,通过这样的单位交流,唯一的好处是我们所绝大部分科研人员均访问了韩国。最后需要特别肯定与感谢的是车在福博士,他在动员财团理事长、秘书长投入资源方面花了很多心血,十分尽力的,即使我决定不再继续这种合作,他仍然想方设法把我们历年参会的论文进行删选后集结出版。

四、与美国的学术交流

在同美国学术机构发展机制性合作交流方面,与北京及上海的著名高校、智库相比,可能乏善可陈,更多是个人的交流与参访，这也是美国的地位及其智库运行模式所决定的。世界各国智库都想与其发展关系，他们当然居高临下，择优选取，但不签订固定的交流协议应该是其常态。

从我个人赴美参访的情况看，重点交流的方向仍然是朝鲜半岛问题，特别是朝核、美朝与中朝关系、朝鲜经济等问题，延伸性的方向则是东北亚四大国关系、中美关系。第一次去美国是1993年2月，使用的是福特基金会给上海社科院的交流经费，由于当时院领导希望让更多人分享使用这笔经费，所以，对每次个人出访的经费与时间长度都抠得很紧。给了我3个月出访时间，每月800美元，另外加1 200元机票费。显然这点钱对于在美国纽约这种大城市生活是非常艰难的，而所里领导还希望我能够延长3个月，逗留半年，以多多观察美国，但经费自理。所以，在我到哥伦比亚大学东亚研究所报到与支付房租、押金后就不得不寻机打工谋生。这种安排除了生活费用的压迫外，还有就是学校不提供办公室、图书卡，更无法旁听课程，因为我的访问不属于他们的交流项目，东亚研究所所长黎安友的邀请仅仅是应我们的要求而提供的签证协助。

但即便如此，这半年的半游学、半打工的经历对我们这种来自社会主义制度国家的人还是有意义的：对认识美国光怪陆离的多维社会、草根阶层的奔波生活、淡薄的人情关系结构，以及如何面试申请工作，如何在全新的竞争环境中学习他们的文化，如何应对黑人的抢劫与苛责的老板，都是一种心理考验。在此期间，我与邀请人黎安友畅谈了一次，他此时正在学术休假一年，所长是研究中国党史的查林代理。黎安友热衷于参与中国国内政治,研究所也接纳了若干个来自国内的"自由人士",这方面活动比较多,黎安友也在负责 Asia Watch 的工作,也多次要求我对其文章进行评论,当然我只能敬而远之。

在美半年期间,我申请参加了"美中关系全国委员会"的"Orientation Trip"项目,其中国际关系组访问了弗吉尼亚州的威廉斯堡、费城、华盛顿与纽约,参观了许多人文历史景点与政府机构,也会见了一些官员,这个组的许多成员后来都成为学界的翘楚,如徐蓝、任东来、牛军、刘亚伟、吴白乙、周敏凯、张毅军等。

在个人交流方面,最重要的是拜访了"外交关系委员会"的容安澜(Alan Romberg),他当时应该刚刚卸下国务院发言人的工作。容先生是一位谦谦君子,讲话温和、理性、客观,虽然同样维护美国的利益,也会批评中国的一些做法,但不会以强势霸语的方式表达,其特有的换位思考与共情性是一般美国国际关系学者所缺乏的。他思路清晰,逻辑性极强,分析问题独到,其观点的深度或精妙之处往往超越同场的其他美国学者。他是美国学者中我交谊最深、最尊重的学者,此后 20 多年我们在首尔、济州岛、釜山、上海、华盛顿多地进行晤谈,每每到华盛顿他都提出请我吃四川菜、意大利菜或泰国菜,安排我会见一些主管中美关系的官员。2015 年 9 月有一天他请我在华盛顿市中心某餐馆吃饭,正好教皇车队路过,教皇从车上探出半个身子向沿路欢呼的民众致意,我也有幸领略了教皇的半侧身子的风采。还有一次我俩应 Gordon Flake 邀请参加"曼斯菲尔德基金会"的一个项目,在釜山研讨后再一起坐高铁到首尔,聊得非常开心。有一次参加峨山政策研究院举行大会，他作为 Stimson Center 指定的召集人之一，让我参加他担任主持人的小组。为此，他连续几个晚上与我联系有关讨论议题的细节，甚至为我的简历进行润笔。无论我在什么时间与他联系，他往往第一时间会回复我，而且每份往来的电邮抬头，他一定写上"刘鸣教授"，而我的回信往往就是以 Alan 开头，可见其为人的细腻。他于 2018 年 3 月 29 日去世，我最后一次与他见面是 2017 年 6 月 18 日父亲节，我请他在乔治城吃午餐。他那天谈兴很浓，印象里他告诉我家里重新装修了，换家具，定房间色调与装修公司打交道都是夫人一手包办。另外，他回忆了尼克松首次访华前，他与国务院政策计划处另一位年轻同事被派到加州尼克松的家，帮总统做访华的功课。他透露，尼克松曾提到是否需要出访前就"文化大革命"表达其立场，是否需要在未达成联合公报的情况下发表一个他个人的声明，但所有这些无知的建议都被他委婉否定了。

我第二次访学美国是 2000 年 4 月，当时潘光与黄仁伟两位领导的上海国际问题研究中心与斯坦福大学"国际安全研究中心"主任约翰·路易斯教授建立了合作关系，所以他们让我去那里访问半年。在这半年中，与 1993 年的情况完全不同，资助费非常充足，完全可以集中精力研学。但由于去的时候已经是 4 月下旬，学期已过大半，所以无法旁听相关的课程。斯坦福号称是西部的"哈佛"，绿草如茵，满园参天大树，空气清新，松鼠穿梭于树林间，整个校园宛如西部的大农场。共和党的胡佛研究所与东亚藏书丰富的图书馆体现了学校的人文优势。在此期间，我自由自在，多次到华盛顿与夏威夷等地参加会议，与 CSIS、卡托、布鲁金斯、卡耐基、太平洋论坛、东西方研究中心等研究所的中国问题专家探讨各种中美、中日、美朝关系问题。

在斯坦福期间，一个偶然的机会我认识了"美国韩国经济研究所(KEI)"的学术部主任贝克(Peter Beck)，并通过他认识了他们的所长 Joe Winder，这开始了我与他们近6年左右的合作。这个所是韩国对外经济政策研究院(KIEP)设在华盛顿的代理研究机构，是由韩国国会出资，旨在促进韩美政界、学界人士交流，通过相关课题研究、出版物与研讨会的形式影响美韩双边关系及对朝的政策。由于他们本身研究力量薄弱，定位的重点之一又是经济，在涉朝经济情况与对外关系上信息与学术资源尤为不足。所以，我的出现一定程度上满足了他们的需求，他们举行的各种会议就经常邀请我参加，并在他们的刊物上发表文章。后来美国企业研究所的朝鲜问题经济学家 Nicholas Eberstadt 也多次请我参加研讨会，就朝鲜的内外经济政策发言。我作为朝鲜半岛的安全专家，一个非经济学家，对朝鲜经济及其内部情况的掌握都是一鳞半爪的知识，在华盛顿智库得到他们不应有的"青睐"，可想而知美国缺乏这方面的权威专家。由于这个所的政治背景关系，应邀参加研讨会的人层次都比较高，特别是演讲嘉宾，这也有助于我与这些专家或官员保持互动，包括李侃如、卡特曼、IMF 副总裁等。

2000年无论是中朝、美朝，还是朝韩关系都处于关系升温的时期，2000年5月29—31日，朝鲜领导人金正日实现了金日成去世后的首次对华访问，6月金正日和韩国总统金大中在平壤实现了历史性的会晤；2001年1月15—20日，金正日对中国进行了非正式访问，在上海考察了上海城市规划展示馆、贝尔公司、上海证券交易所、上海通用和上海华虹 NEC 公司等外资机构，对上海的现代化赞不绝口，计划把这种模式引进朝鲜。为此，KEI，特别是贝克非常激动，期望我在上海组织一次三边研讨会，经费完全由他们筹措，借此他们想沿着金正日参观过的路线进行考察，以寻迹朝鲜可能的改革开放之路。经过我与他们的共同努力，2001 年 5 月由我们亚太所、美国韩国经济研究所与韩国对外经济政策院合作举办了朝鲜半岛对话与合作前景的三边研讨会，这是我第一次组织这样规模的多边国际会议，与会者包括原中国驻韩国首任大使张庭延、韩国后来担任外长的尹永宽、KIEP 的尹德龙、前世界银行顾问巴伯逊及美国和平研究所、大西洋理事会智库的研究人员，国内的朝鲜半岛专家来自北京、上海与吉林等地，会后与会代表参观了浦东。

在斯坦福期间，还需要提及一位著名的美国学者——奥克森伯格。他当时是学校"亚太研究中心"主任，我经常遇到他骑车到办公室，有时我们就在办公楼下闲聊，他曾多次提议去他家做客，但不久后就听闻他因罹患晚期脑癌在家休养的消息，这样上门做客就不再可能。他作为美国第二代中国问题专家，鲍大可的学生，曾作为卡特政府国安会东亚负责人参与中美建交的谈判，在圈内声望较高。他对华友好，有很强的"中国情结"，积极推动两国发展良好的关系。因此，在他生命之烛即将走向熄灭之时，2000 年 11 月四代中国问题学者聚集于斯坦福举行了一场别出心裁的生前"追思会"，回顾了冷战初期鲍大可、斯卡拉皮诺等第一代中国问题学者因无法进入中国，而不得不在中国香港地区、韩国等地与中情局合作,及谢淑丽那一代"文化大革命"后开始进入中国的筚路蓝缕、孜孜以求的艰难性的开创征途,再现了现代从事汉学、中国问题研究的优越环境与条件及庞大的研究力量。

这种为了一位在世的、其成就尚无法与近当代著名汉学家媲美的学者举行的四代同堂报告会、大团聚,如果不是绝无仅有的,也是罕见的,它可能在美国研究中国问题的历史上是值得重笔书写的一天。当然,它既是一场提前进行的隆重告别仪式,更是对奥克森伯格学术与外交功绩表达一种崇高敬意。这种场面虽令人暗自伤痛唏嘘,但又维持了一种美国式的乐观向上精神与人生的体面。白天的活动奥克森伯格没有参加,但晚宴及穿插安排的逗乐式的颁奖活动他则完整参加,在一轮接一轮的幽默段子中,他本人笑容满面享受了这种师生们、同仁们的赞赏,大家也充满了喜悦之情。奥克森伯格虽然是民主党的中国问题高参,但许多共和党的学者与官员也到场致意,如白邦瑞就与我比肩而坐。会议的高潮是已当选美国总统的小布什国家安全顾问赖斯光临捧场,代表布什宣读致敬信。这可谓是美国政治中的一种精致文化与超越党派的传统特色。

奥克森伯格在小布什当选总统后,在斯坦福多次与学者举行小型座谈会,其中有一次参加的人比较多,他在会上专门发表了一个为新政府对华政策建言的演讲,共有11点内容,核心观点好像是既接触,又加强制衡,扩大对中国的影响。在回答我们中国学者提问时,记得他强调中国对美国的霸权行为要"忍",因为你目前还没有这个实力与美国叫板。这可能是奥克森伯格在生命最后之时留下的声音,此时他已经知道来日无多了,可谓人之将死其言也善,还是想尽自己所能为美国做一点事情。在这生命最后时段的发言中,你根本看不出他是一个正与沉疴作殊死拼搏的人,这也是他所代表的美国学者的一种人格精神。2001年1月我还收到了他的圣诞卡,但2月22日他就辞世了,终年62岁。

在这两次美国访学之间,还有一次在美的学术交流仍然萦绕在我的脑海中。1998年5月前后,北京中国改革开放论坛组织了一个大约有13~14人的代表团访问夏威夷,与美国学者举行二轨研讨会,讨论中美如何应对朝鲜可能崩溃的问题。这大概是最早举行的涉朝问题的中美双边中型会议,会议主办方是美军太平洋总部的"亚太安全中心"(APCSS),我们带队的是阎学通与论坛的一位秘书长,成员绝大部分来自北京,上海就我一人参加,沈阳就辽宁社科院的张守山参加。美国许多研究中美关系的学者都参加了,包括兰普顿、葛莱仪、曼宁、克罗宁、孙飞(Saunders)、卡特曼(朝鲜半岛能源组织执行主任)等著名学者及一批美国国防部、国务院的官员与大使。APCSS接待我们非常用心,晚上还安排到一家研究员家的平台观赏海边日落,派游艇载我们到海上参观。那次会议大概开了一天半,谈得比较深,当然是美国人摸底的内容更多。第一天晚宴由太平洋总部第17任司令普吕厄发表演讲,演讲后他回答了我们中国学者的问题,记得当时我提的一个问题是如何评价白邦瑞发表的对华遏制的言论,他打了"太极拳"应付了一下。会议结束后,他与我们一起合影,此君曾是1996年"台海危机"时调派2艘航母的操刀者,但后来退役后到北京当大使,成为积极推动中美关系发展的"友好人士"。

五、与日本、新加坡等研究机构的交流

亚太所在 20 世纪 90 年代与日本综合研究开发机构(NIRA)有过一段时间的交流,这是一个由产业界、学界、劳动界发起的半官半民性质的软科学研究机构,主要是对国内外中长期重要的现代经济社会及国民生活的各种问题提出设想和展望,进行研究,提出课题并托相关智库进行综合研究。但这种交流基本上停留在个别高层管理人员的访问及就特定议题的磋商,后来由于某种个人的原因而中断了来往。

之后,我们与防卫研究所进行过若干年非机制性的交流,多数情况是我们出访日本时顺访他们研究所,进行座谈研讨。2009 年我主持研究所工作后,感觉这种临时性、随意性的交流难以持续,因为一方面对方的兴趣在于与我们军方的研究机构建立正式学术关系,另一方面他们研究所是日本制造"中国威胁论"的大本营,每年的《防卫白皮书》就出于他们之手,在交流过程中,基本上是不停地数落我们在军事上、海洋上的种种不是。为此,我考虑另起炉灶发展关系。

2011 年 1 月中旬,我在高兰研究员陪同下,在东京先后访问了海洋财团、霞山会、庆应大学等机构与大学,在创价大学举行了研讨会。然后访问了京都产业大学,这是一所西日本著名的综合性私立大学,我们与世界问题研究所的学者举行了"中美

日关系现状、问题与对策"的研讨会,来自周边的一些大学、研究机构的学者及外务省官员参加了会议。我与高兰做了主题报告,与会人员围绕我们的报告进行了热烈的讨论。他们的校长藤冈一郎会见了我们,并与我达成了共识,由我们两个研究所先建立交流合作关系,同时由我报院部,签订院校的正式交流协议。同年11月,藤冈一郎校长访问我们院,与左学金常务副院长签订合作协议,共同开展研究项目,推动双方研究和教学人员及研究生的交流。由于2011年我们接待工作做得比较好,世界问题研究所所长东乡和彦回国后就请我们所束必铨博士去京都访学。这个协议至今得到了良好的执行,在我任所长期间,我们两个所的交流一直有效地延续着。当然,该研究所的不足是,绝大部分研究人员专业方向不是国际关系,而是西方的法律、政治制度、哲学与文明、宏观经济等,所以,在交流时会出现不对等、各说各话的情况。另外,它们毕竟与东京的政府、智库关系比较远,许多政策隔膜比较大,这同我们研讨时会对不上政策点。

  双方的交流能够得以成功推进,主要归功于东乡和彦所长的积极态度,另外也与该研究所上海籍经济学家岑智伟的鼎力相助分不开,他每次交流既当发言人,又充当全场的翻译,身兼两职。东乡和彦出身于外交世家,历任欧亚局苏联处长、条约局长、欧亚局长、驻荷兰大使等职,热爱和平,与中国友好。总体而言,他多了一点童真、率真与理想主义的特性,少了一点外交官特有的世故、圆滑与狡黠。因长期在欧洲工作,其思想要比一般日本学者更光明磊落与富有自我反思性,这点上他应该已经摆脱了他祖父东乡茂德这一代人的战略观影响。东乡茂德曾是日本第二次世界大战时东条英机的内阁成员,但按照东乡和彦的说法,东乡茂德当年并不支持侵略战争,所以其祖父不是当年侵略立场的代言人,但历史既然已经把他定论为甲级战犯,那么他接受这个事实,也希望日本与亚洲邻国和解。他还提出了解决靖国神社问题的办法,希望把自己先人的牌位迁出靖国神社。

他在学术上非常活跃,频繁参加各种国际会议,在与我们所建立正式关系前,就多次来访。同时,其身影经常出现于北京、上海、南京等地的会议上。他研究的领域宽泛,包括东西文明比较、日本历史问题、日本外交、北方领土与日俄关系、领土与海洋争议问题。鉴于其个人的外交经历,他对北方四岛归还日本付诸极大的研究精力,有时甚至会呈现超越常理的乐观,特别是在安倍 2017—2019 年同普京几十次会谈过程中。有一次我在日本访问,他专门打电话给我,用了近 1 小时来介绍内情,以此来说服我接受他的判断。2014 年他邀请我参加他组织的课题暨研讨会,研究海洋争议问题,在他的热情鼓励下,我不得不赶鸭子上架写了一篇关于南海问题的论文,最后由他与印度学者 Naidu 把多国学者撰写的论文编辑后在著名的 Palgrave Pivot 出版。

与新加坡南洋理工大学拉贾拉南国际研究院的学术交流始于 2007—2008 年前后,这是亚太研究所时蔡鹏鸿研究员力促推进的结果,因为他长期从事东南亚问题的研究。新加坡虽然是一个城市型国家,但因为是东南亚地区的发达国家,在文化上、安全上又是连接与融合东西方的中心点,在种族上又是比较多元化,所以它有一系列具有世界影响的智库,拉贾拉南国际研究院就是其中一家。1996年由时任副总理兼国防与安全部长陈庆炎提议创立，它内设多边主义研究中心、非传统安全研究中心、优越性国家安全研究中心、防务与战略研究所及政治暴力与恐怖主义国际研究中心。由于南大与新加坡国防部、国防科技局是紧密合作伙伴，作为其下述单位的研究院，同样为新加坡政府、国防部提供决策咨询。

第一次他们来访我们所，是由柯宗元、拉加·莫汉（Raja Mohan）与Ralf Emmers三人组成，其中柯宗元先生是双方交流的重要推动者。他时任研究院的对外交流项目负责人，也是李光耀夫人柯玉芝的胞侄，由于李光耀夫人的祖籍地是厦门海沧后柯村，柯宗元先生在1993年就受其姑母嘱托，到泉州寻根。莫汉是著名印度裔南亚问题专家，现任新加坡国立大学南亚研究所所长；Emmers是比利时人，时任研究生院长，现为拉贾拉南国际研究院院长。首次交流我们就中印、中国与东盟关系、南海问题交换了看法，谈得非常透彻，新方人士也非常坦率，表达了他们的意见，这对于我们更好理解我国与东盟的关系是非常有益。鉴于我们对讨论的满意度，我们决定继续推进这种交流关系，但以不签订协议的方式进行。之后，直至2012年，我们每年保持了一来一往的互访。我们与东盟前秘书长王景荣及海洋专家贝特曼、陈思诚、何孝鸿、李明江、李东民等就南海、中美、中国-东盟、非传统安全等议题进行了深入的讨论。另外，我们在上海举行的国际会议时，也会特别邀请拉贾拉南研究院学者参加。

与新加坡交流中最值得提一下的是我与新加坡外交部原常

务秘书Bilahari Kausikan的交往,他是新加坡外交部的学者性官员,善辩、好辩、敢言、反应敏捷、有思想、讲话一针见血,我非常喜欢他这种与一般外交官不同的个性化风格。他卸职后,经常在各种国际论坛上发表主题演讲,著作迭出,这些演讲通常会发给我,著作则通过领馆赠送我。我与他大概于2003—2004年在上海国际问题研究所相识,当时他从平壤回国途中路过上海,与国际所学者介绍访朝情况,俞新天所长请我一起参加。2008年后我多次组团去新加坡访问,一般都会拜访他,聊聊国际与东亚形势。2012年那次访问,由于他第二天要去北京访问,所以我们代表团一下飞机就赶去外交部,与他就"亚太再平衡"议题畅谈了1个多小时,然后在外交部晚宴上与其及几位副司长继续讨论。他的最大的外交特点与新加坡这个有重要区域影响的小国地位相匹配,在中美、中国与东盟之间努力维持一种鲜明的平衡,推动"小国大外交"来确保新加坡独一无二的地位与利益。如在与美国时任助理国务卿坎贝尔战略磋商时,他对美不明智的战略、行动指出其不恰当的原因所在,也用东亚的思维方式与新加坡的经验来教导美国应如何理解中国的立场;与此同时,他也时不时对中国的立场、外交行为与官员的作风表达不满。

他在2017年与时任新加坡国立大学李光耀公共政策学院院长马凯硕的交锋就充分显示其这种风格,马凯硕认为,新加坡的外交政策在"后李光耀时代"必须调整,要正视"可能不再出现李光耀这样受他国领导人尊重的政治家"的残酷现实,新加坡在处理外交事务时应"更加审慎",大国为利益争得不可开交的时候,不一定是强调自身原则的"最佳时机"。比拉哈里则认为,马凯硕的观点极具误导性，"小国应有小国的作为"的想法"糊涂，虚假，非常危险"。"后李光耀时代"新加坡必须调整外交政策的观点是错误的，冒犯了李光耀的接班人以及在李光耀团队领导下获益的新加坡人。前外交部长尚穆根支持比拉哈里的观点，认为"新加坡应该明确国家的核心利益，并通过巧妙方式实现，但绝不是卑躬屈膝、对大国唯唯诺诺的方式"。

2013年8月11—17日，我邀请他作为第二届淮海论坛暨"东亚局势与战略：管控与合作"国际研讨会的主嘉宾做主题演讲，他演讲的题目是《战略互疑的根源：东亚范围内的美国、中国、日本及东盟》。就像他惯常的讲话风格，在中美竞争中保持并列式、排比式的平衡，对中、美、日给东亚地区带来的互疑与竞争各打五十大板：既批判美国的普世价值是一个神话与非历史性的，反对其对中国的内政干预，又对当代中国民族主义的强化表达了小国固有的忧虑；在肯定中国崛起的同时，又强调美国没有明显的衰落，美国仍将是维持稳定的必要条件，是至关重要的。原本我考虑要把他演讲文本放在我们的刊物发表，但后来仔细阅读后只能作罢，因为它有太多的政治争议性，显然他在准备演讲文本中就没有考虑入乡随俗的因素。当然，他对我提供这个讲坛仍然是满意的。作为公务员，他的旅行与住宿费用均是由新加坡政府买单，他也没有接受我们的酬金。

2017年"洛杉矶国际事务委员会"举办《2030年的亚洲》论坛，我们俩与贝德、梅农等一干前官员同在台上，他对中国南海岛礁建设提出了质疑，但他的角度不是从所谓的"非法"进行，而是从战略必要性、战时有效性进行，这突出了他的狡黠特点。当然,我进行了辩驳,强调和平时期的战略平衡与提供区域公共物品的功能。

以上就是我对外交流中一鳞半爪纪实,也从一个视角展示了亚太研究所到国际关系研究所的成长之路,挂一漏万的事例肯定不少,还望其他同仁补正、补全。

刘鸣:曾任上海社会科学院亚洲太平洋研究所所长、国际关系研究所和国际问题研究所常务副所长、上海国际问题研究中心副主任。

往事钩沉

季 谟

一、记一次特殊的"讲课"

1985年3月戈尔巴乔夫担任了苏共中央总书记，他面临的是一个艰难复杂的局面。苏联粗放式的生产潜力已经耗尽、经济停滞、日用品供应短缺，人民生活水平每况愈下。1987年11月，戈尔巴乔夫应美国出版商之约出版了《改革与新思维》，他想用改革来挽救当时苏联岌岌可危的局面，但是事与愿违，最终导致苏联解体。

到1991年，苏联局势急转直下，解体前夕发生了一连串震惊世界的大事。作为苏联东欧专职研究机构，我所在的苏东研究所几乎门庭若市，都要我们去谈一谈苏联形势。

1991年的一天，上海市委宣传部召集了几位有关研究人员开了一次座谈会，专题讨论苏联当前局势。会议由孙刚和刘吉两位副部长主持，会上各抒己见，我在会上谈了个人的见解和预测。会后，两位副部长把复旦大学的杨心宇教授和我两人留下，通知我们市委将召开一次常委扩大会进行集体学习，要我们两人去讲一讲苏联当前的问题。说实在的，我当天在座谈会上的发言没有草稿，只有一页简短的数据提纲，要在市委领导面前"讲课"，心里有点害怕。我说："得好好准备一下。"但两位副部长却要求："就像今天这样讲很好，放开讲，不要紧张。"

隔天，也是刘吉同志陪我们去市委大院的。会议由吴邦国主持，室内坐满了一大片人，我认识的有陈至立、赵启正、刘振元等，老同志陈沂也在座。一个上午就我们两个人发言，杨心宇先讲，我第二个。我主要谈了戈尔巴乔夫的《改革与新思维》，国内外对这本书的反应及其对苏联今后发展的影响。我还谈了"叶利钦现象"，结合我在苏联亲眼看到的实际情况，对苏联现状作为介绍和评述，并亮了自己的观点。我认为在戈尔巴乔夫和叶利钦的斗争中，权力的天平正在向叶利钦一边倾斜，叶利钦终有一天会把戈尔巴乔夫拉下马来，自己取而代之。当我讲到这里时，坐在我对面的陈沂准备插话补充一些自己的意见。此时，吴邦国扬了一下手，并说："今天主要是听专家讲，不讨论，不插话。"我便继续谈完自己的看法。占用了众多领导将近两小时的宝贵时间，心里感到十分不安。说真的，当时苏联东欧形势发展得实在太快，国内矛盾交叉复杂，瞬息万变。虽然后来的发展不出我们所判，1991年12月6日苏联最高苏维埃举行了最后一次会议，宣布苏联解体，但在当时我对自己的发言信心不足，心里有点发毛，怀疑自己是不是太大胆、太开放了。

在这之前，1989年4月布热津斯基出版《大失败——20世纪共产主义的大兴亡》，他在这本书中说"戈尔巴乔夫在改革过程中已逐步走上了修正主义的道路"，苏联放弃的不仅仅是斯大林主义，还有列宁主义，两年之内苏联共产党组织不再存在,5～10年内苏联也将不再存在。对他的这一见解,我当时不以为然,认为是危言耸听。但事态的发展不幸被他言中了。

那次"讲课"已经过去近30年,每当想起这件事心里很不平静。我深深怀念老同志陈沂,他当时的插话虽然没有展开,我想必然会有精辟的见解。因为他是一位非常关注苏联东欧研究的长者。1981年,他担任上海市委宣传部长,正是在他的倡议下,由上海社科院和华东师大联合组建了苏联东欧研究所,加强对苏联的系统研究。也正是在他的大力支持下,1982年9月中国苏联东欧学会在上海正式成立。同时举办了首届年会和学术研讨会,北京和全国的有关专家云集上海,进行了友好的学术交流。

那次"讲课"已经过去将近30年,苏联消逝了,那么现存的俄罗斯怎样了呢?它依然辽阔广大,"它有无数田野和森林",而且仍然拥有上帝恩赐给它的丰富的石油资源。今天有人把它列入了"金砖五国",与中国、巴西、印度等并列为有希望的新兴经济体。我在这里遥祝它繁荣昌盛、人民富裕、生活幸福。这恐怕就是那种"剪不断、理还乱"的俄罗斯情结吧。

作家闻一先生曾说:中国和俄罗斯是两个相邻大国,"大自然铸就了这般风水,这般情,任何人是奈何不得的。因此,我的,你的,大家的这种俄罗斯情结是不会了结的,是永恒的,永存的。"[①]

---

① 闻一:《解放岁月》,北方文艺出版社1988年版。

二、"下海"记

从20世纪80年代中期到苏联解体,叶利钦和戈尔巴乔夫你死我活地斗了将近4年,震惊了整个世界,但对苏联普通老百姓来讲却显得特别平静和漠不关心,他们所牵挂的却是日用品的严重短缺和一日数涨的物价。与此同时,中国的经济改革已初见成效。因此,中苏边贸搞得热火朝天,大量个体户涌向边境,设摊售货,有条件的则带着大包小包来往于北京与莫斯科之间,在火车上沿站叫卖,所带的一点货物未到终点已所剩无几。一些人积累了第一桶金就开始向俄罗斯发运集装箱,继而一些大公司和大企业也沉不住气了,开始向俄罗斯进军。记得上海《新民晚报》还在头版刊登了一篇短文,标题是《到俄罗斯去赚大钱!》。

我所在的苏联东欧研究所一时间门庭若市,有来咨询的,有来寻求合作的。一些大企业和区、县、局的有关单位都要我们去讲俄罗斯问题和俄罗斯市场,上海社科院培训中心为此开设了专门讲座,宝钢党校曾组织了处级以上干部轮训班,每周安排半天要我去做专题报告。上海外贸部门和我们的联系也变得密切了,一些重要的对苏(俄)贸易工作会议都邀请我们参加。经过酝酿和协商,于1992年年初组建了一家"上海三希(3C)技术发展公司",主要成员单位有:上海长途电信局(上海移动通信的前身)、上海社科院等。长途电信局局长霍长辉先生担任董事长,上海社科院刘均德副院长等任副董事长。社科院指派我负责各方面的联系和协调,并兼任该公司的执行董事。公司主要任务是开展中苏（俄）之间的经贸和技术交流，并加强对原苏联东欧市场的调查研究。这样，我的半个身子就被迫"下海"了，接下来主要办理几件急需的事情。

第一，由公司一位副董事长、总经理和我组成考察组于1992年8月由边境城市绥芬河出境，经符拉迪沃斯托克（海参崴）再赴莫斯科和圣彼得堡。在符拉迪沃斯托克请杨伯寿同志负责接待和安排，他曾任上海市政府驻哈尔滨办事处副主任，当时在俄罗斯从事经贸工作。到莫斯科后，请俄罗斯科学院远东研究所副所长阿斯拉诺夫接待安排。我们在莫斯科和圣彼得堡与两市的信息产业和通信部门曾多次接触交流。回沪后，研究确定主攻方向。

第二，在莫斯科建立办事机构，租了房子，注册了公司，聘请了律师和会计师，并在中国银行莫斯科分行开了账户。我和朱有钰（上海外国语大学俄语系副教授）带了一名助手就这样走马上任了。我们二人对外的名义是上海三希技术发展公司驻俄罗斯代表。为了便于交流，在俄罗斯我曾用了好几张名片：上海社会科学院苏联东欧研究所副所长（至1993年12月我离休后就不再用这个称呼了）、上海三希（3C）技术发展公司执行董事、驻莫斯科首席代表，上海国脉股份有限公司高级经济顾问。根据需要以不同的身份和对方打交道。我们先后在莫斯科、圣彼得堡、伏尔加格勒、阿斯特拉罕等城市接待了国脉公司总工程师，飞乐股份公司副总经理等一行，接待了上海医药代表团等多个团进行考察和业务洽谈。

第三，创办了一个动态刊物，取名为《原苏联东欧市场动态》，由苏东所委派张湘和沈国华负责编辑和发行。1992年共出了21期，1993年仍继续出版赠阅，深受各方面欢迎。一次，在浦东召开的全市外经大会上，赵启正副市长手拿这份《原苏联东欧市场动态》对大家说：社科院苏东研究所出人出钱办了这份刊物，很好。他拿出两张名片，一张交给我，在另一张上写道"向张湘同志问好"，叫我转交给他。很多单位都来信索要《原苏联东欧市场动态》，认为报道及时、不说空话。

第四，着手开拓俄罗斯市场。当时我国的通讯社和信息产业已有了长足的发展，特别是寻呼台发展迅速。上海国脉股份公司已是一家实力雄厚的寻呼企业，其他如飞乐股份公司等都是寻呼业的大户，而俄罗斯在这一领域刚刚起步，有的地区还是空白。经过数次分析讨论，决定首先在俄罗斯组建一个寻呼台，以打开进军俄罗斯通信业务的一扇大门。上海几家大企业，如国脉、飞乐、电话发展公司、申谊集团都在不同程度上参与了此事。

经过多次谈判、失败、再谈判，最后在伏尔加格勒组建了俄中合资奥尔飞依（ОРФЕЙ）寻呼公司，俄方参股单位是伏尔加格勒广播电视中心，中方是飞乐股份公司和电话发展公司。朱有钰作为中方代表又到那里定居下来了。直到2000年，上海派了两名工程师和翻译去接替，她才回到上海来安度晚年。

在俄罗斯期间，我们得到俄罗斯科学院远东研究所副所长阿斯拉诺夫、莫斯科某国营大厂副厂长斯平、伏尔加格勒广播电视中心主任奥列霍夫依等俄国友人的大力帮助。

另外，我们也结交了一些新朋友，如航空航天部、第一汽车厂等单位的驻俄代表。我们还经常向莫斯科亚太股份公司董事长王丹之先生（王明之子）、莫斯科 Best 公司王志勇先生请教。他们两位都是长期从事中俄经贸的俄籍华人。和他们的交往，我们学习了不少东西。

在这里要提一下，俄方合作单位和俄国朋友曾经建议合作发展移动通信和手机业务。由于投资较大，尚对俄罗斯市场研究不深，中方不敢下注。现在回头看来，我们是失去了一次绝好的商机。

我们在祖国需要的时候，学习了俄语，从此一生便围绕着"俄罗斯"这个关键词忙忙碌碌，贡献了自己的一生。在退休后的数年中，我们在上海与莫斯科之间来来往往，发挥余热。虽无大的建树，但亲眼看到俄中合作的一竿寻呼天线高高耸立在英雄城市伏尔加格勒玛玛耶夫山岗之上，我们的心头是热乎乎的。

意外"下海"，学习游泳，免不了要喝几口苦水，但拼搏总会振奋人心。

"下海"，是当时我国经济发展中的一种特殊现象，也是我们晚年生活中的一段插曲，算是人生舞台上最后一次谢幕吧，不管是美好的，还是苦涩的，都将回味无穷。

季谟：曾任上海社会科学院东欧中西亚研究所副所长。

心　　路

王少普

一、历史所怀旧

我不愿逛商场,拥挤的人流,混浊的空气,带来的多是疲惫。有点空闲,愿意到郊外或者公园,对着一池绿水、满坡野花,享受宁静。特别在黄昏时,夕阳在树梢轻柔地铺洒余晖,除鸟雀归巢的啁啾声,仿佛整个宇宙都别无声息,处此景中,整个心灵都沉浸于静远之中。

但也有例外,我每每路过位于上海繁华西南的东方商厦,有事无事都想进去看一看。不是钟情于商厦伟岸的建筑,也不是流连于商厦精美的商品,而是因为现在耸立商厦的这块土地,曾经承载我进入社科研究领域的第一个单位——上海社会科学院历史研究所。在这块土地上,我度过了难以忘怀的8年时光。

我是1979年进入历史所的。那时,历史所所在地徐家汇还带有浓重的城郊接合部痕迹。除了教堂昂首指天的升腾式建筑外,没有其他高楼大厦,多的是江南风味的砖瓦平房。历史所便处于几排砖瓦平房的拱卫之中。这是一幢建于20世纪初叶的欧式4层小楼,据说原来是修女院。可证此说的是这幢小楼各层的洗手间中都无男式小便器。小楼和拱卫与它周围的几排砖瓦平房位于由藏书楼和徐汇中学校舍围成的一葫芦形地块之间。地块边高墙俨立,墙面被岁月剥蚀得斑斑驳驳,大片绿苔如翠眉绿须般悬附于上。地块内冬青成排、瓜豆满架,更有两棵高大挺拔的银杏比肩而立,树龄皆在百年以上,春夏时将凤尾似的碧叶亭亭撑开,送遮天绿荫给世间,秋冬际把碎金般的黄叶款款洒地,赠一地暖意于众人。进此地块,颇有入世外桃源之感。对需坐冷板凳、耐得住寂寞的史学家来说,这实在是做学问的好地方。

但究其实,世外桃源并不平静。我进历史所,正值拨乱反正之际。历史所接二连三为在"文化大革命"时期受冲击乃至自杀的人员召开平反或追悼会。家属泣不成声的回忆,同事扼腕垂泪的叹息,将当年惊心动魄的斗争一一展现在人们眼前。那时,人们既为我党纠错和前辈追求真理的勇气所振奋,同时也深感中国传统中负面影响之顽强和残酷。

这种沉重的气氛,随着改革开放的深入,逐渐淡薄。学者们在日趋宽松的学术环境中,以极大的热忱投入研究。与其他社科研究一样,历史研究中的禁区也一个个被打破,不少实事求是总结历史经验的好成果问世。在此潮流推动下,我第一次在中国史学权威杂志《历史研究》上发表了论文——《论曾国藩的洋务思想》,全文1万多字。为了这1万多字,我看完了曾国藩的全部文集、日记,做了大量卡片。曾国藩是中国封建社会最后一个集大成者,对诸子百家未涉猎者少,特别是儒、法、道更成其安身立命之本。难得的是,他已顺应时代变化,开始关注西方文化。民风强悍的湖南乡间生活,翰林院晨诵夜修的苦读、屡败屡起的血战、领兵于野防忌于朝的遭际、曲折的外事交涉、领风气之先的洋务活动,构成了曾国藩极为复杂的阅历,也造成了他极为复杂的性格。这是一个"打掉牙和血吞"的超人毅力维护封建统治的卫道者。又是一个敏锐主张并实际引进西方工业技术、以求缩小中西方差距的先行人。如果说范文澜先生主要从某一侧面对曾国藩作了简单概括;那么,到了 80 年代,历史已使我们具备了更全面地研究曾国藩的条件,我们便不能再简单地,而应全面地对此人物作出分析评价。唯有如此,我们才能真实地揭示中国在鸦片战争之后的转变,科学地总结中国近代化的规律,从而为当代中国的发展提供正确的借鉴。论文发表后,在史学界引起较大反响。《新华文摘》全文转载,人民出版社将其收入《洋务运动论文集》。

虽然以现在的眼光看,此论文还有可改进之处。但这毕竟是我较早的学步之作,所谓敝帚自珍,书此只想略表我对历史所及自己的历史研究生涯的怀念。

其实,这种怀念并非仅系于学术。8 年时光中,在历史所我感受过纯洁而真挚的友情。湖心亭内品新茶,银锄湖中荡木舟,书生意气,纵论五千年,评判环球事,至今历历在目。

而今,历史所迁去新大楼。宏伟建筑、现代化设备,是我们当年在曾供修女悟道的小楼内做梦都未曾想过的。这是历史所的进步,上海社科院的进步,也是我国整个社科研究进步的一种表征!遗憾的是,历史所旧楼已荡然无存,后人无法再直观感受这种巨大的变化。在这个意义上讲,我们这代人是幸福的,因为我们亲身体验了这种巨大变化。

二、亚太所迎新

从日本回国，我调入了上海社科院亚洲太平洋研究所。这是一个因亚洲太平洋地区在全球日益重要性而成立的专门研究亚洲太平洋问题的新所。因此，毫不夸张地说，这个所是被亚洲太平洋呼啸前进的巨浪推涌出来的。

在日本、在美国，在其他一些国家，我都感受到了这巨浪势不可当的力量。

1995年，离别两年后，我重访东京。东京似乎没有什么大的变化，高楼林立、地铁纵横，男的仍然西装领带、服装严谨，女的还是一步短裙装束出优美的曲线。但深入接触，便会发现，日本人的眼光是不同了，正由原来的专注美欧，转向整个亚太和更广泛的地区，太平洋西岸也成为他们重要的关注对象。

在早稻田大学典雅古朴的钟楼旁，排列着饱经风霜的银杏古树，一棵棵舒张开绿叶森森的树冠。初秋的阳光透过叶隙，斑斑点点地洒落在地坪上。我和日本从事中日比较研究的著名专家依田憙家教授坐在绿荫下的长凳上，听先生娓娓讲述中日文化的异同，讲述早大创始人大隈先生提出的"东西方文明调合论"，讲述中国不仅应早日成为世界经济大国，更应早日恢复世界文化大国的地位……讲着讲着，先生突然提高声音告诉我：由于亚太地区日益重要，早大决定以先生所在的科研所为基础，建立亚洲太平洋研究中心，专门从事亚洲太平洋问题研究。为此,先生殷切地希望加强与上海社科院和亚太所的联系。在先生的推动下,1998年早大教务长及国际交流中心所长白井先生访沪时,与我院领导会晤,提出了双方正式建立合作交流关系的建议。

学者在关注亚太地区,政治家更是如此。曾任新进党党首的日本著名政治家小泽一郎在其所著《日本改造计划》一书中指出:"太平洋的亚洲地区,是世界上最富活力的经济发展地区。""日本应该持有的立场是填平欧美和亚洲之间的沟,调和世界经济。"这本书由我和另一先生译成了中文。为了对小泽先生支持该书在中国翻译出版表示感谢,在东京时,我访问了他。小泽一郎和他政治上的主要对手日本首相桥本龙太郎不仅在政治上观点不同,在形象上也迥异。小泽高身材、方脸盘、皮肤粗黑,桥本则身材五短、椭圆脸、皮肤白净。素称严峻的小泽,春风满面地接待了我们,对我们重申了他的前述观点。不管其潜台词是什么,日本日益重视亚太区域,将太平洋东西两岸同时作为其外贸格局的重要支持加以考虑,则已是不争的事实。

1998年,我访问了洛杉矶。这个依偎在太平洋怀抱中的美丽城市,水天一色、风和日丽、绿树婆娑、风情万种。我们在兰德公司和美国学者开完了讨论东北亚安全问题的会后,晚上在海滨的露天酒吧里漫谈世界局势。加利福尼亚大学的著名亚洲问题专家斯卡拉庇诺教授遥望大海,仿佛透过太平洋东岸的夜幕,看到在太平洋西岸冉冉升起的太阳,他若有所思地说:"东亚,特别是中国经济的迅速发展,使整个亚太地区的重要性日渐增长。美国要处理好亚太事务,应该和中国合作。"其实,持这种意见的何止斯卡拉庇诺教授一人,这已成为美国对华政策的主流看法。克林顿总统1998年6月的中国之行,正是在这种意见推动下,采取的顺应潮流之举。

亚太地区战略地位的提升,使亚太所应运而生即面临良好的机遇。而党和国家又为我们创造了前所未有的良好研究条件,其中最重要的是政治上的信任,这更使我们如鱼得水。

周恩来总理曾有一句名言:外交无小事。在他的严格要求下,我国建立了一支纪律严明、令行禁止的高素质外交队伍,出色地实现了党和国家的外交目标。但外交无小事,并不意味着排斥学者对外交和国际关系问题的研究。然而在极左思想影响下,学者对于外交和国际关系问题是无由置喙的。改革开放以来,随着国内外事务的日益复杂,党和国家的决策层鼓励学者研究事关党和国家前途的重大现实问题,包括外贸和国际关系问题,并通过各种渠道吸收学者的建设性意见,以为决策参考。这使我们这些从事外交和国际关系问题研究的学者受到很大的鼓舞。我们亚太所的研究人员几年来就亚太问题发表了不少有价值的论文和研究报告,并在国际上建立了广泛的学术联系。

可以说亚洲太平洋呼啸前进的巨浪推涌出了我们亚太所,而我们亚太所也为这巨浪的奔涌贡献了绵薄的力量。滴水窥阳,从我们亚太所在改革开放后得以发挥的作用中,可以看到我们上海社科院乃至整个中国社会科学界的巨大进步。中国的社会科学学者们不仅在中国舞台,而且正在世界舞台上发挥自己日益重要的作用。目睹此景,心潮怎能不随太平洋之浪澎湃高涨!

而今随着我国国际地位的大幅提升、国际合作与竞争的迅速发展,上海社科院适应形势的需要,又将亚太所、欧亚所等国际问题研究机构合并,成立上海社科院国际问题研究所,规模更宏大、队伍更齐整,已经并将继续为上海及我国的国际问题研究事业作出重要贡献。

王少普:曾任上海社会科学院亚洲太平洋研究所副所长。

天下为公　兼容并蓄
——回忆汪道涵对国际问题研究的指导

李轶海

在上海社会科学院的智库发展历程中,国际问题研究发挥了重大的作用,留下许多高光时刻。其不仅为上海的改革开放提供了智力支撑,而且为中国外交和两岸关系作出了上海独特的贡献。

上海社会科学院最早成建制的国际问题研究可追溯至20世纪60年代建院早期设立的国际问题研究所。但作为在当时全国绝无仅有的地方国际问题研究所,由于机构调整和"文化大革命"等原因,对上海社会科学院后来的国际问题研究并没有留下太多的印记。40年前,欧亚所的前身苏联东欧研究所的成立标志了上海社会科学院国际问题研究的新开端。但直到1985年成立了上海国际问题研究中心之后,上海社会科学院的国际问题研究才真正开始找到明确的方向,逐渐凝聚成强大的研究力量。这一切都离不开该中心的创始人、上海市前市长汪道涵的关怀和培育。2015年上海国际问题研究中心更名组建为上海社会科学院国际问题研究所,正式确认了上海国际问题研究中心与上海社会科学院国际问题研究的渊源关系。

关于为什么做、怎么做、靠什么做国际问题研究，汪老当年奠定的一系列思想格局和工作方法影响了上海社会科学院的国际问题研究学者，并成为融入国际问题研究所血脉的学术传统。

20世纪80年代末我调动至上海社会科学院工作，在担任张仲礼院长的外事秘书4年多后接任院外事处处长。不久，院党委书记严瑾给我布置了一项协调上海国际问题研究中心的工作任务，并由我根据市委要求负责具体落实中心的工作班子调整、开展国际交流活动等。当时虽然上海市政府已将上海国际问题中心划归上海社会科学院管理，但中心的编制、经费、业务活动等各个方面仍然是独立的。汪老是中心名誉总干事，我在中心新的工作班子中担任副秘书长（后来改称副主任），因而与汪老有非常密切的接触。我有幸见证了上海的国际问题研究阵地如何在汪老的指导下发展壮大，并逐渐在全国发挥不可替代的作用。正值国际问题研究所成立40周年所庆，且将本人耳濡目染的点滴在此记录一二，虽只是吉光片羽，此间深意历久弥新，供诸君品味。

一、研究之道：时代使命，全球高度

20世纪80年代中期，正值我国改革开放的重要时期。为了促进上海的经济发展，汪老在体制内设立了两大咨询机构：上海经济研究中心和上海国际问题研究中心。经济研究中心后来成为发展研究中心。国际问题研究中心则参照了宦乡主导的国务院国际问题研究中心的模式,至今并未见其他地方建立过类似的机构。可以说国际问题研究中心甫一诞生,就站在了国家发展战略的高度,展现了上海开放性的国际大都市的气度。当时我国对国际形势的判断作出了重大调整。1985年3月,邓小平在会见外宾时指出,现在世界上真正大的问题,带全球性的战略问题,一个是和平问题;一个是发展问题。和平问题是东西问题,发展问题是南北问题。国际问题研究从过去美苏争霸、战争阴云笼罩,转变到和平与发展,以及中国怎么适应这个时代主题。

汪老认为,上海作为中国改革开放走向世界的重要窗口,承担国际问题研究的重任是理所应当的。在他身体力行的关注和指导下,初创的国际问题研究中心成为上海市人民政府领导的综合性国际问题研究和咨询机构,将当时所有应当参与和能够参与的机构都纳入其中。起初的工作重点是研究与上海经济有密切联系的有关重要地区和国家,就本市对外开放中需要解决的重大战略性、战役性问题协作攻关,推动国际问题研究的国内外学术交流。后来在汪老的带领下,中心的研究任务逐渐提高到国家战略层面,并扩展到全球重大议题。

谈及当时的国际关系研究,汪老认为格局尚不足以满足中国在那个重要历史时期坚持对外开放和改革的需求。汪老多次强调,国际问题研究要紧扣和平与发展这个时代主题,要朝着人类文明进步、世界和平的发展方向去考虑问题。他主张与其他国家通过对话与合作来消除分歧,进一步扩大共识,突破各种历史的、思想的障碍,创造对中国发展最有利的外部国际环境。我们从他在中美、中日、中欧关系以及两岸关系等关键问题上的态度都可以看到这样的思想脉络。上海国际关系研究界在对外开放中能够作出巨大贡献，汪老的这一思想格局始终发挥着重要作用。

1997年10月，国家主席江泽民访美时与美国总统克林顿达成共识，中美两国共同致力于建立建设性战略伙伴关系，保持中美关系不断改善和发展的良好势头。在汪老的组织和指导下，中心乘势而上，组织各方面力量拓展深化两国元首达成的共识。1998年2月16—18日，中心与美国亚洲基金会在上海召开了"面向21世纪的中美关系：建设性的战略伙伴关系"研讨会。美国的对台政策是这次研讨会的重点议题，中美双方与会者达成了高度一致。会议成果对中美元首再次会晤的基调产生了重要影响。1998年6月30日，克林顿在上海图书馆公开重申了对台"三不"承诺：美国不支持台湾独立，不支持"一中一台""两个中国"，不支持台湾加入任何必须由主权国家才能参加的国际组织。

汪老还认为，我们的国际问题研究和对外交往应当兼容并蓄，允许各种声音，吸收各种有利的经验。讨论问题时他经常讲"要摆事实讲道理，道理越辩越明"。但是他不喜欢激烈争论，而主张观点交锋，实事求是、以理服人。他一直强调要对标世界上的强者，取法乎上。因此汪老很注重向强国学习国际问题研究经验。他举了个生动的例子说，中国女排为什么能够五连冠，正是因为铆足了劲始终把美国女排当成对手，才能跻身世界一流水平。汪老认为国家的现代化要靠体制机制的改革创新来保障,在国家安全体制建设方面,我国与发达国家相比有很大的差距。为此,20世纪90年代,他多次组织了有关我国如何组建国家安全委员会的内部讨论。

在汪老的对外交往经历中,他始终站在这样的高度,也让后来者肩上担起了强烈的使命感。上海的国际问题研究和对外交往自此定下了非常高的基调。这些高屋建瓴的理念,在工作中都很有实效。我在长期的外事工作实践中,不断提醒自己要在国际交往中秉承这样的格局意识。上海社会科学院始终致力于同国际最知名的人士打交道、与国际最顶尖的机构建立合作关系,借此不断提升上海社会科学院的研究能力和国际影响力。

二、研究之法:紧随前沿,问题导向

20世纪最后10多年,世界局势动荡变化。汪老提醒我们,世界的和平与发展两大主题始终没有变,我们的国际问题研究不能随波逐流,要有定力。他坚持办好自己的事才能处理好国际关系的观点。中美关系错综复杂,不断发生新的情况,汪老强调要特别重视处理好中美关系,做到不对抗、不冲突,斗而不破。

汪老有一个对我工作思路起到关键性指导作用的看法。他认为"学术即政治",具体来说,国际问题研究不是泛泛而谈,为研究而研究,也不能只限定在国家间关系范围,还要重视国别和区域研究,要涵盖方方面面的重大议题。国际问题研究的目的是要解决实际问题。这个实际问题既包括国际关系问题,也包括与此相关的政治、经济、文化、社会问题,甚至包括国际问题的研究方法。实际问题是非常讲究时效的，因此国际问题研究需要站在时代的最前沿，用超前的眼光发现问题，借鉴国际经验和教训，找到符合国内外实际的解决办法。汪老的这种观点为后来上海社会科学院成为国际问题研究方面的重要智库指明了方向。

上海国际问题研究中心原来每月编辑一期《国际问题简报》，汇集当月的研究动态和成果，到年底再整合出一份国际问题综述，时效性不强。有一次在工作讨论中我向汪老建议，将简报变为一事一报，可定名为《国际问题专报》，专门呈送汪老，再由汪老批转有关部门参考。汪老对这个想法非常认可，第一份专报于1995年8月诞生。经过半年多的运行，在汪老的支持下，专报还开辟了渠道直送中央，受到了中央领导的重视。在后来的智库发展中，专报这一独特的决策咨询方式起到了非常重要的作用。

除了决策咨询研究成果的及时报送，汪老更加注重组织大家头脑风暴，分析当下是什么形势，怎么来解决问题。他常常会在讨论开始时说，我们先分析形势，再来明确我们的任务。

汪老每年秋季都会组织一次内部研讨会，邀请全国苏俄问题专家齐聚一堂，根据形势发展需要交流研究成果，汪老则做引导性讲话或总结性讲话。这个苏俄系列的会议连年举办，从未间断。像这样的内部专题研讨会不在少数，涉及范围广泛。也因着这样的工作习惯，汪老发掘了大量前瞻性的议题交给科研人员研究。有一年新春，汪老专门请来一位苏联问题专家详细分析苏联崩溃前的腐败情况，与我国某些领域腐败较严重的情况相对比。他对腐败问题产生了极高的警觉性,语重心长地提出腐败问题解决不好会亡党亡国的观点,呼吁加强反腐败研究力量,不但要加大查处力度,而且要全面公开反腐败信息。记得有一次我在汇报中讲了几个社会上关于腐败的比较尖锐的段子,他并没有批评我,而是陷入了沉思,叮嘱我要多和他说说平时听到的老百姓的想法。

坚持从国际角度来观察和分析国内外问题可以说是汪老思维的一个特色。汪老关心的议题非常广泛,包括亚洲金融危机、香港治理、沪港合作、中日韩合作、浦东开发开放、申办世博会、上海国际金融中心建设,以及长江中下游联动发展的潜力等。也包括法治、新闻、宗教等问题,这些议题的重要性不言而喻,不得不承认汪老具有超越时代的犀利眼光。受汪老的影响,我在工作中坚持延续这一特色,以问题为导向,致力于解决改革开放中最迫切的问题,为科研人员提供便利,将外事工作与科研,尤其是国际问题研究紧密结合。

三、研究之源:开放中和,薪火相传

汪老是一个兼具中国传统知识分子"中和"风骨和开放气度的大家。他特别强调在研究和交往中既要以文会友,吸收各种观点,万不可偏激;也要善于倾听、鼓励谈话对象充分表达,特别要注意学习体会对方的思想。

汪老擅长与各方面打交道,从来不拒绝与外国的保守派、右派打交道,总是能够非常柔和地创造出沟通的机会,了解他们的

想法,做他们的工作。比如他建议采取官方与民间相结合的方式与美国传统基金会这样的机构多接触多交流,均取得了积极的效果。

上海社会科学院举办学术会议,特别是有关国际问题和经济问题的国际会议,汪老有请必到,在会场坐上半天是常有的事。他在会上有时发表讲话,有时与学者讨论交流,随时吸收大家的观点和想法,及时提出新的要求和研究任务。

1999年美国亚洲研究局发起一个关于知识产权的国际会议"知识产权与上海和长江中下游地区经济发展",希望与上海社会科学院合作举办,并邀请沪苏浙皖四省市的代表参加。美国著名的中国问题专家奥克森伯格担任美方顾问。知识产权当时在中国是非常少见的国际研讨话题,我想请汪老担任中方顾问,汪老以其前瞻性的眼光欣然同意。汪老指出,我们在积极准备参加WTO之际,要进一步提高整个社会对知识产权的认知程度和尊重程度,培植知识产权的社会环境更是一项长期的任务。他说知识产权问题迟早会在国际关系领域凸显出来,我们要先行一步。然而,会议举行的3天前,以美国为首的北约部队悍然轰炸了我国驻南斯拉夫联盟共和国大使馆,当时各地与美国合作办会都停了下来。在汪老的支持下,会议得以如期举行。汪老在开幕讲话中指出,我们按计划举行会议,表明我们坚持和平与发展,任何外来因素都不会改变我们坚持改革开放的坚定决心。根据汪老的指示,我们在会前做了大量的工作,美方同意在开幕式上与中方代表一起起立为中国烈士默哀。这些都体现了汪老宽容开放又不卑不亢的胸怀气度,令我心悦诚服。

在我看来，汪老对国际问题研究后备力量的重视，对科研人员风度的要求，在国际交往中气度的示范是上海社会科学院国际问题研究薪火相传的根源。

汪老毫不藏私地带着后辈们参与各类国际交流活动和学术研究，把对外交往和国际问题研究的接力棒代代相传。当时汪老与美国前国防部长威廉·佩里共同关注朝核问题，他请上海社会科学院的好几位学者一起参加交流座谈，同时支持我们与胡佛战争、革命与和平研究所的合作，派遣上海社会科学院多名国际问题学者赴美访问研究。我则负责与胡佛研究所的一位美方专家进行联络沟通。他经常与当时还是斯坦福大学经济学教授、后来出任香港中文大学校长的刘遵义教授讨论中国经济的发展，他让我在活动筹划、议题确定等方面从中协调。他还主办中国-新加坡金融研讨会，请新加坡金融管理局的专家介绍金融管理的经验。在这些国际合作交流过程中，他常常向来访者推荐介绍我们的优秀科研人员，其中包括了大量的国际问题青年学者，为上海社会科学院年轻科研力量的成长提供了宝贵的机会。

众人皆知汪老"爱书成痴"，其实汪老更令我钦佩的是他不遗余力地教导后辈看书。汪老常常逛书店，上海社会科学院淮海中路弄堂口的三联书店是他喜欢逛的书店之一。他有时叫我到三联书店陪他一起选书，边翻边议。看到有兴趣的书，他会问我有没有看过，书里有什么观点。这些不经意间的提问要三言两语回答清楚是不容易的，每次对我考验不小。有时汪老无暇亲至或因病住院，便会让我给他挑几本新书，且见面时要考校我选书读书的收获。在他的悉心教育下,我渐渐学着如何挑选、如何泛读、如何精读。我为此还专门订阅《文汇读书周报》。那个时候随时掌握出版动态、了解新书概况是我生活的重要组成部分,爱读书也成为我受益一生的事。

汪老对年轻人的要求是非常严格的,但他为人谦和,批评人从不疾言厉色。其中有一件趣事令我印象深刻。汪老在接待外宾时发现,有的年轻学者忽视外事礼仪和礼宾规范,穿衣十分邋遢。汪老对我说,你去跟那几位同志悄悄说一下要注意仪表,"别把衬衫穿成黑的,西装穿成灰的"。在他的影响下,我也格外注重在外事场合的仪表,直到今天也是这样要求我周围的年轻同事。

因为工作关系,我有幸在10多年的时间里与汪老密切联系。归纳起来,我的任务主要有两项:一是"找人",汪老关心什么议题我就要联系适当的专家学者与汪老见面,经过多次讨论逐步发展成政策建议或文稿;二是"顺稿",对有些稿子作适当调整或简化。汪老喜欢说理透彻、言简意赅,反对无病呻吟、庸俗花哨。文章的篇幅要小、语句要短、表述要规范,就有必要对文章作些修改。在汪老身边做的这些工作虽然微不足道,但收获却终身受用。

《中庸》里讲,"天下至诚而能尽其性,而后尽人之性、尽物之性。"1998年汪老在第二届"东方思想国际学术研讨会"上用这一思想阐述中国特色社会主义与所有的人类文明平等对话,互补和互利的特点。在我看来,汪老对上海的发展研究尤其是国际问题研究的贡献也很好地诠释了上述思想。他由自身的"至诚"出发,将一生奉献给党和国家,奉献给人类文明进步的事业,是顶天立地的国家栋梁。他同时也在不断感染身边的人们,开拓出上海国际问题研究的大好局面。我希望这种"至诚"的光芒能永恒地闪耀在上海社会科学院国际问题研究所的后浪身上,传承不绝,能指引上海社会科学院国际问题研究所在新的历史条件下创造新的辉煌。

李轶海:曾任上海国际问题研究中心副主任,上海社会科学院外事处处长、台湾事务办公室主任。

我与社科院

章念驰

1979年年底,即社科院复建的第二年,我进入上海社科院历史研究所工作。这是一个资历很老,人员很多的研究所,地点设立在漕溪北路40号——原徐家汇神学院——与藏书楼毗邻,深宅大院,神秘幽静,是做学问的好地方。我在3楼近代史室工作,一个人有一大间办公室,因为朝北,冬天好冷。但我们年轻研究人员,每天坐班,成天泡在书海之中,学术研究氛围很浓,实在难忘。

我的工作是编《章太炎全集》,这工作首先要通读章太炎这时代的一切报纸、杂志、书籍与相关资料,要了解他的时代、社会、政治、经济、文化、人物……没有十几、二十年坐冷板凳的功夫,休想有成。而古籍整理、标点、校勘等工作,还不算学术成果,要冒头谈何容易。我在人们眼里就是没有资历、学历、水平而仅仅靠先人余荫在混饭吃的人,没有几人会用正眼看我。而我是抱了"天天做,不怕万千事,日日行,不怕万千里"的古训,钻进了工作里。直到2019年——40年后,《章太炎全集》20卷终于成功出版,囊括了全国图书各种最高奖项,成了当年全国十大好书之一,而我个人也获得了全国古籍整理一等奖,终成正果。

这期间我还出版了5本专著——《沪上春秋——章太炎与上海》《我的祖父章太炎》《我所知道的章太炎》《后死之责——祖父与我》《面壁集》,另有编著《章太炎医论集》《章太炎演讲集(上下册)》《章太炎生平与学术》《章太炎生平与思想》及《中国学术思想史随笔》等10多册,给我在历史所工作画上了一个完美的句号。

在历史所的4楼,原是翻译室,有几个很资深老翻译,但我们与他们接触不多,后来从华东师大进了几个年轻人,成立了世界史研究所,以后发展成亚太所,再后来发展成国际问题研究所。我后来阴差阳错地调到了亚太所,最后又算是在国际所退休。但我实际上没有在亚太所与国际所上过一天班。

1987年,台湾地区开放"两岸探亲",结束了两岸隔绝,开启了两岸交流交往新时期。为了应对两岸新局面,1988年,上海社联成立了"海峡两岸学术文化交流促进会",关键人物是李储文、王元化、乔林,让我担任秘书长。在此之前我参加过"上海对台工作展览会"筹备工作,负责台湾的历史与现状这一部分,加上我家庭的复杂海外关系,也许适宜做这种交流工作。"海促会"是国内最早成立的对台交流团体,但主要工作是交流接待,阵容强大,几乎囊括上海文化精英。随着两岸交流扩大,1990年上海台湾研究会成立,这是上海对台研究和交流的正规军,我担任了秘书长。1992年,上海社科院台研中心成立,我任副主任。1999年上海台湾研究所成立,我担任了副所长,台湾研究进入学术研究深水阶段。1997年,以中国台港澳地区为中心的东亚研究所成立,我任法人兼所长。这些工作的背后就是我密切地为"海协会"会长汪道涵和上海社联主席李储文工作,成了对台研究的专业工作者,参与了许许多多内部工作,研究也越来越专业化与学术化。就这样我越陷越深,又担任了市政协台港澳侨委副主任、市政府参事、中央统战部、外宣办、海协会等特约咨询专家。所以我工作场所基本上不在上海社科院,成了"院外人士",尽管我在海内外名声越来越响,但始终没有享受过体制内的任何待遇。直到后期,刘华书记与左学金院长任职时期,才承认我的工作与成绩,承认我的工作与成就也是社科院的一部分,使我也有学术晋升机会,终于成了三级研究员。

对台工作与对台政策研究是痛苦指数很高的职业,空间非常有限,高度敏感机密,弄得不好就会走到政策的前面,成为政策对立面。对台研究既要及时掌握每天台情,又要加以理论分析与研究,还要有顶层设计意识,而不仅仅当个哨兵,还要当学者,每天都要处于工作状态,在第一时间作出第一反应,工作是没有星期天,也没有假期,紧张而沉重的。这些年来,我坚持和平统一,在海内外颇有影响,被称为"鸽派代表人物",被中共中央台办与国务院台办联合授予"对台工作特别奉献奖",也终成正果。

我的工作从先前的历史研究为主转变为以对台研究为主,所以我从"历史所"调到"亚太所"。我无论从事历史研究或是两岸关系研究,都认识到打好基础最重要,书不嫌多读,而且要与国家命运与前途结合,放在国际大环境中加以思考,要安贫乐道,甘于坐冷板凳,不要急于求成,要潜得下去,不图虚名,不讲假话,求真谛,不发媚人之言!

纵观我与社科院,一晃40多年过去,8年前我从亚太所退休,如今78岁,但我还没有从东亚所退休,仍坚持从事研究,坚持当个学者,尽一个士的责任。真正的士是生命不息、战斗不止,真正的老兵是不会凋亡的,我将依然如故地孜孜不倦地工作,如入上海社科院时一样,不忘初衷。我也希望上海社科院要重视基础研究,要宽容对人,不要急于求成,不要为当智库而求智库,要站得高看得远!

章念驰:曾任上海市人民政府参事,上海社会科学院亚洲太平洋研究所研究员。

时代、环境与追求、机遇

——"五缘文化"说的提出与研究的展开[*]

林其锬

我于1980年10月进入上海社会科学院,先在经济研究所资料室协助张仲礼主任编辑《学术资料》(内部刊物,每月一期);于1982年10月,调入经济思想史研究室,从事中国经济思想史和管理思想研究。1988年10月,上海社科院院部根据当时形势和院所任务的需要,决定新建亚洲太平洋研究所(简称亚太所,现与欧亚所等合组成为国际问题研究所,简称国际所),派院科研处处长金行仁研究员负责筹建工作。亚太所的性质是一个地理性的综合研究所,涉及政治、经济、文化思想、国际关系等诸多学科。由于我对学术的兴趣较广,知识积累较杂,1988年年底领导征询我意见时,我便同意,遂于1989年年初就调入亚太所从事华侨、华人社会经济文化研究,并任我为综合研究室主任。从此我就开始了以文化与经济互动、古今互动和中外互动为学术方向的研究。主要研究对象就是以"五缘文化"为纽带的遍布世界五大洲的数千万华侨华人社会、经济、文化、历史发展同中

---

[*] 本文是在张生研究员为编撰我的口述史采访整理稿基础上补充修改写成的,在此谨向张生研究员表示感谢!

国改革开放关系的研究。当然我也没有放下对中国经济、管理思想和从20世纪60年代开始的刘勰及其著作《文心雕龙》和《刘子》的研究。后者从文化领域也同海外、国外文化学术界发生了密切关系和联系。这三个领域的研究及其成果，构成了我在国际所学术生命的有机整体，直至现在虽然已迈入耄耋之年，但生命不息，仍要发挥余力，做点力所能及的事情。

一、"五缘文化"说的提出

以亲缘、地缘、神缘、业缘和物缘为内涵的"五缘文化"说，酝酿于20世纪80年代中期，第一篇论文是在1989年4月发表。

1982年10月，我正式调入经济思想史研究室，参加由室主任马伯煌主持的上海市哲学社会科学六五计划重点项目"中国近代经济思想史"课题，到福建侨乡进行课题调查，恰好遇上东南沿海率先对外开放，利用雄厚的三胞（台胞、港澳胞、海外侨胞）和华人资源，运用"三引进"（引进资金、引进技术、引进现代管理），推动地方经济发展，因此社会经济很快发生了明显的变化。这一现象引起了我的注意和思考：同样的天，同样的地，同样的人，为什么一对外开放就有如此迅速的变化？因此我把课题中对华侨历史的调查，同对外开放结合起来，通过侨联，"三胞办"和经济部门，以及在福建、广东、浙江的许多侨乡召开座谈会进行了解。经过调查，形成一个概念，变化的重要原因就是，首先党中央在思想路线上进行了拨乱反正，扭转了把海外关系笼统看作是"反动关系"的"左"的思想，重新明确"海外关系，是好东西,不是多了,而是少了"(邓小平语)因此干部群众思想获得了解放;加之国家实行了改革开放方针。沿海特别是侨乡历史形成的海外固有资源恢复了沟通渠道,犹如人体被人为切断的血脉又重新接上,新鲜血液又源源不断流进,社会经济肌体又恢复了生机。至于如何恢复和发展固有联系,各地干部根据本地情况,各显神通,各有千秋,他们深入发掘传统文化潜藏于民间历史形成的各种社会人际关系资源,用于推动本地区的社会经济文化发展。我在调查基础上,将其归纳为:亲缘、地缘、神缘、业缘和物缘五根纽带、五座桥梁,统称"五缘文化"。当然五缘文化说的提出,也同我当时研究中国管理的科学化与民族化关系的思考有关,因为我在这个领域形成了一个理念,引进世界已经被实践证明是科学的普遍管理原则时,还必须考虑运行机制的文化环境。所以对沿海各地结合实际发掘传统文化资源,"文化搭台,经济唱戏",文化与经济互动,也就比较易于理解和接受。

五缘文化说在脑中逐步形成后,数年间不敢公开提出,因为很多朋友反对,认为那都是过去曾作为"封资修"批判过的东西,有朋友还善意劝告,"不要踩地雷,自我爆炸"。直到1989年,我调入亚太所任华侨华人社会经济文化研究室(之前叫综合研究室)主任,确定以海外华侨华人社会经济文化作为主要研究任务,又恰逢福建省漳州市邀请参加"纪念吴本诞辰1010周年学术讨论会"。吴本乃宋代名医,医德高尚,医术精湛,因采药坠岩而逝,被百姓纪念、神化,被朝廷敕封为"保生大帝",在中国台湾地区、东南亚庙宇众多,有巨大影响。接到邀请,正犹豫不决之际,时任亚太所所长的金行仁同志一句点拨:"怕什么?你就把酝酿多时的五缘文化抛出去,探探'气候'!"于是我撰成第一篇论文:《五缘文化与纪念吴本》。

研讨会是由漳州市政协主办,不仅有福建省各地和北京、上海等地学者参加,而且台湾地区保生大帝宫庙、团体、学者也首次组团前来参加,所以福建省领导颇为重视。会议于1989年4月17日上午开幕,开幕式后大会发言,我被排在第三个。说实在,上台发言时我心里是不踏实的,是福是祸没有底。因此在发言时照本宣科,不敢离开稿纸一个字。当我稿子念得差不多时,突然有个人走上台站在讲台的旁边,我有点心慌,想大概出问题了。可是当我刚念完稿子,这个人迎着我伸出手,要同我握手,并要同我交换名片,我当时还没有印名片。接着他走向讲台,作即席评论,开头一段话我至今记忆犹新。他说:"刚才林先生发言提出'五缘文化',我听了很高兴。现在两岸都在讲统一:我们那边(指台湾,蒋经国当政)主张'三民主义统一中国',这边(指大陆)不赞成;这边强调四个坚持(指坚持社会主义道路,坚持无产阶级专政,坚持共产党领导,坚持马列主义毛泽东思想),我们那边也不同意。要'统一',首先要有共同语言,林先生提出的'五缘文化'说,你们赞同,我们也会同意。"我看着他给我的名片,上面署的是,"台湾省宗教咨询委员会委员、玉泉宫管理委员会主任委员、旭东测量公司董事长李炳南(赐南)"。所以对五缘文化说亮相得到首个评论的是来自台湾地区的朋友。下午讨论可以说是一边倒肯定"五缘文化"的理念,有人甚至形象地说"五缘文化"可以成为支撑海峡两岸大桥的五座桥墩。讨论会结束后,漳州市统战部部长、政协副主席等一帮人,特地到我住的房间表示慰问,感谢我给会议提供了一篇好论文。晚上,解放军海峡之声广播电台一帮人带着设备,对我做了录音采访,第二天凌晨就对外广播了。五缘文化说这样喜剧性的登台,是我做梦也没能料到的,能有这样的结果,我非常振奋。

漳州会议归来,所长金行仁也非常高兴。恰巧,此时北京来了一位国务院侨务办公室处长,为举办"全国首届侨务工作研究论文评选",到社科院组稿。金行仁同志向他推介"五缘文化",并把我介绍给他。他向我了解了情况之后,约我撰文参加评选活动。金行仁对我说:"这下你可以敞开写了,把多年酝酿的东西都写出来!"于是我用了2个月时间撰成1.7万字的《"五缘文化"与未来的挑战》交了上去。1990年2月,亚太所由刘鸣同志主持的《亚太研究》创刊,还是把我的《五缘文化与未来的挑战》在第1期全文刊发,虽然还不是公开发行刊物,但也是一个很大的支持。到了1990年5月,我突然接到院办转给我的一封国务院侨办的信函:

林其锬同志,您的论文《五缘文化与未来的挑战》在我办1989年举办的第一届全国侨务工作研究评选中获二等奖,特发给证书与奖金(另寄),以资鼓励。

此致

敬礼

国务院侨务办公室政研室(章)

一九九〇年五月

过了几天,我收到盖了国务院侨务办公室章的获奖证书和300元奖金及一本《侨务工作研究论文集(一)》,其中汇编了全国第一届侨务工作研究论文评选论文38篇:一等奖空缺,二等奖11篇,三等奖21篇,其他6篇;上海地区仅我一篇获奖。说实在,在我看来,证书奖金都不重要,最重要的是对"五缘文化"肯定的信息。如果讲"五缘文化说",在漳州会议是得到民间的认可,那么此次得奖也算是得到了官方的肯定,我多年悬在心上的石头总算落地了。

《五缘文化与未来的挑战》获奖之后,院《学术季刊》要发表,但要压缩篇幅,因此改写成《五缘文化与亚洲的未来》在同年(1990年)第2期刊出,全文被《新华文摘》于同年第9期转载。1993年3月,《五缘文化与未来的挑战》又获上海市哲学社会科学联合会"1988—1991年度优秀学术成果奖",同时还被上海市华侨历史学会和新加坡南洋学会联合编印的《华侨华人问题学术研讨会暨姚楠教授从事东南亚研究60周年文集》收录。1993年《华商世界》第1期、第2期全文发表。1992年被翻译成英文,收入 SASS PAPERS(4)于同年7月出版,我申报的《五缘文化与对外开放》也被批准列入上海市"八五"社科研究重点项目。"五缘文化"研究也就此起步了。

二、"五缘文化"研究的机遇

五缘文化说面世之后,初期有"三缘""五缘""六缘""十缘"之争,对五缘内涵也有不同的见解,甚至有全面否定的,比如有一篇文章就上纲上线说"五缘文化"是害侨祸侨的理论;还有一篇说"五缘文化"会削弱天然形成的共产党核心凝聚力,因此应作"清除之列";等等。但"五缘文化"在海内外总体上是受到肯定和欢迎的。1991年《上海改革》第1期署名文章评论:"五缘文化说可以作为一种理论型智慧型的文化产品,它给我国经济拓展与海外华人的经济合作,提供重要的参照系。"1991年8月6日加拿大《大汉公报》署名文章肯定,"五缘(亲缘、地缘、神缘、业缘、物缘)文化依然是当今和未来华人心灵联络的一座坚固桥梁,是世界华人聚合的坚韧纽带,并且将在发展世界华人的经济联系中起到重要作用。"1985年5月13日新疆维吾尔自治区人民政府机关报《新疆经济报》发表题为《新疆需要倡导五缘文化》的社评,评论中说,"五缘文化理论在新疆有极大的现实意义。新疆是多民族地区,'五缘'关系纵横交织,形成巨大的网络,汉族和其他兄弟民族之间存在的多头'五缘'关系,当我们用'五缘'观点来观察这种关系时,就能发现许许多多的同,对于强化民族间的情感联系非常有好处。"1997年11月17日台湾地区《联合报》刊登海协会会长汪道涵同台湾新同盟会会长许历农《谈话纪要》,汪道涵说,"海峡两岸共有五种缘……因而更应共同迈向统一"。1998年,全国人大常委会副委员长、民革中央主席何鲁丽,为"东方五缘文化摄影展"撰写的"前言"中也肯定:"亲缘、地缘、神缘、业缘、物缘为内涵的'五缘文化',对于发展海峡两岸关系,实现中国和平统一,促进中华民族大团结起着桥梁和纽带作用。"特别是许多地方干部都很欢迎,不过他们每每邀请我去做报告时,总要问:"上面态度怎么样?"1996年9月5日

《人民日报》华东新闻社会文化版,以一整版篇幅,用"五缘文化华人纽带——亲缘、地缘、神缘、业缘、物缘文化在华东"作通栏标题发表了我和其他4位学者分述"五缘"的文章,并加编辑手记加以肯定。《编辑手记》指出:"一种缘便是一根很坚韧的纽带,一座坚固的桥梁,它把遍布于世界各地华人社会各色人等编织成色彩各异的人际网络,汇聚成地区经济发展所必不可少的商品流、资金流、技术流、人才流、信息流。""如何充分利用五缘文化资源,华东地区已经积累了颇为丰富的经验,开掘区域文化资源,为发展地区经济服务,显然是一项有意义的工作。"后来,每当地方干部提出上述疑问时,我就给他们看《人民日报》,他们一看就说,"《人民日报》都表态了,没有问题的。"由此可见一斑。

1992年4月,由联合国环境发展署和中国国务院发展研究中心联合主办,有21个国家地区和世界银行、世界绿色组织等多个国际组织代表参加的"环境与经济同步发展国际会议"在上海贵都饭店举行,我应邀参加,在会上发表《追求和谐:人-社会-自然——东西方人天观比较与人类现代化道路的选择》论文,得到美国、欧共体等国际友人的肯定,也引起了国务院发展研究中心主任、著名经济学家马洪的关注。大会中间,他叫秘书把我领到他休息室询问"五缘文化"问题,会后又应约参加他召集的小型座谈会。当我汇报了五缘文化的提出与研究后,他说:"五缘文化研究很有意义,应该深入下去,我们要搞四个现代化,很重要的一块资源在海外。"他走后,国务院发展研究中心在上海的分支机构,国务院发展研究中心国际技术经济研究所上海分所所长朱荣林就找我,要请我帮助筹备成立五缘文化与华人经济研究室。经过数月的酝酿,我找了上海社科院世经所、历史所、宗教所,《社会科学报》编辑部,复旦大学,上海师大,市统战部《浦江同舟》(那时叫《上海统一战线》)编辑部等单位,共10位科研、编辑同道参加,于同年10月6日正式成立。我被聘为兼任室主任,五缘文化开始由个人走向了有组织的团队研究。随着研究成果增多,影响也进一步扩大,研究成果获奖多项,由亚太所申报、我承担的上海市哲学社科"八五"规划重点项目《五缘文化与对外开放》研究的前期成果,于1991年11月以《五缘文化论》的书名,由上海书店出版社出版,成了五缘文化说的第一本书。而且我发表的两篇论文还被《人民日报》总编室摘编成《内部参阅》上报。国务院发展研究中心国际技术经济研究所上海分所有鉴于此,便决定将五缘文化与华人经济研究室扩大,单独划出成立研究所,恰好有一家旅游文化公司感兴趣,愿意给予经费支持、合作。经过筹备,1995年12月9日正式宣布成立上海五缘文化研究所,我被聘为所长兼法人,马洪、孙尚清、王元化、张仲礼、顾廷龙、徐中玉、邓旭初、朱荣林担任顾问,后来又增聘了钱谷融、夏禹龙,林炳秋,邓伟志担任顾问,五缘所跨地区聘请了30多位兼职研究员,还在境外和国外特聘了研究员和顾问。同时举办了有全国各地学者参加的"五缘文化与对外开放"学术研讨会,上海电视台、《解放日报》《文汇报》以及北京、福建等地10多家新闻媒体,包括中央统战部《内部简讯》都做了报道。受上海影响,由福建省社科联筹备并直属领导的福建省五缘文化研究会也于(1996年11月)成立。同时也举办了"五缘文化与对外开放学术研讨会",福建多家媒体作了报道,福建省电视台还摄制了《文化新视点:五缘文化》专题片。"五缘文化"研究从此也翻开了新篇章。20多年以来,尽管道路曲折,困难多多(特别是上海五缘文化研究所由于国务院发展研究中心体制改革,中断了隶属关系,而支持、合作的企业仅一年也退出),但沪闽两地成立的五缘文化研究机构仍然坚持下来,至今犹存。

三、"五缘文化"研究的展开

20多年来,由于沪闽两地学者紧密合作,五缘文化研究成果比较丰硕,已经出版的专著、论文集有:《五缘文化论》(林其锬著,1994年出版),《五缘文化与对外开放》(上海五缘文化研究所编,1997年出版),《五缘文化与市场营销》(林有成著,1997年出版),《五缘文化力研究》(吕良弼主编,2000年出版),《五缘文化概论》(林其锬、吕良弼主编,2003年出版),《海峡两岸五缘论》(吕良弼主编,2003年出版),《物缘文化研究》(林建华著,2004年出版),《五缘文化:寻根与开拓》(林其锬、武心波主编,2010年出版),"五缘文化与现代文明"系列丛书(林其锬主编、施炎平副主编,2014年出版),丛书共5本:《五缘文化与中华精神》(施炎平著);《五缘文化与心理研究》(蒋杰等著);《五缘民俗学》(郑士有等著);《五缘性华人社团研究》(赵红英、宁一著);《五缘文化:中华民族的软实力》(施忠连著)。此外还有《五缘文化与榕台民俗》(赵麟斌著,2014年出版),《五缘文化与中华民族凝聚力研究》(胡克森著,2008年出版),以及由上海社会科学院编印的《中国传统文化的现代价值:"五缘"研究成果选集》。除了出书,上海五缘文化研究所,不定期出版《五缘文化研究》,迄今已出22期,福建省五缘文化研究会也不定期编印《五缘文化》,刊出"五缘文化文章"达数百篇(仅《五缘文化研究》就达260多篇),在国内外100多家报刊发表的五缘文化研究文章数以千计。据中国侨联《华侨华人历史研究》主编张秀明于2015年12月"以五缘文化为关键词",在百度搜索有784篇论文;在中国知网搜索,有2773篇相关文献,这仅仅是文章。沪宁两地举办五缘文化学术会议达30多次,举办讲座,特别是福建省五缘文化研究会同海峡之声广播电台先后开办了"两岸同根——闽台五缘文化"和"五缘文化大讲堂"100多集的大型讲座和福建电视台摄制的《文化新视点——五缘文化》专题片,在海内外产生了很大影响。上海五缘文化研究所还在由10个省市农委联办的《现代农村》开辟了"五缘文化与海外华人"专栏,《社会科学报》开辟过"五缘文化纵横谈"专栏,福建《东南学术》开辟过"五缘文化与现代文明笔谈"专栏等;上海、福建分别建立了"五缘文化"网站。正由于此,"五缘文化"在海内外产生了较大影响,美国洛杉矶由加州大学华人学者吴琦幸教授发起,于2009年10月注册成立了美国五缘文化协会(Five Yuan Culture Association in USA)。五缘文化说,已被文化学、社会学、华侨华人学、民族学、民俗学、谱牒学、方志学、宗教学、心理学、管理学、营销学等诸多学科所援引;在实践方面也为侨务工作、统战工作,社区建设、企业管理、市场营销、外资、人才、管理引进、海外联谊、两岸关系等所运用,福建省侨联曾把"五缘文化"作为扩大对外联系的抓手,福建省十一五规划提"五缘""六求""建设海西"(通过五缘实现六个要求,建设海峡西岸经济区)作为"新闻台工作方针"。因此"五缘文化"在全省广泛传播,厦门"钟宅湾开发区"也改名为"五缘湾开发区";厦门—金门轮渡船也命名为"五缘号";2008年,厦门新建跨海大桥也由时任中共中央总书记江泽民亲自题写命名为"五缘大桥"。甚至有不少民营企业,向国家商标局抢注"五缘"和"五缘文化"商标。2010年3月,全国政协十一届三次会议,接受上海等四省市委员联署的《重视开展"五缘文化"研究,努力打造中国文化软实力》提案并正式立案,中共上海市委于同年9月14日发出《对政协十一届全国委员会第三次会议第1433号提案的答复》,红头文件肯定:"五缘文化发源于上海,由林其锬教授最早提出,现已在全国部分省市乃至海外华人世界有较大影响",并且就关于"五缘文化的保护、研究、宣传"和关于"五缘文化的实际应用"两个方面提出具体意见。同年9月,国家工商总局商标局也向上海五缘文化研究所颁发了"五缘文化"和"所徽"商标注册证书,2012年11月又颁发了"五缘"商标证书。就我个人来说,30年来,除了上述撰著、主编的书籍之外,在各种报刊也发表了90多篇"五缘文化"论文和文章,其中获奖8次。1991年有幸承王元化、顾廷龙两先生,作为我晋升研究员的推荐人。王元化肯定:"《五缘文化与未来的挑战》等3篇有关五缘文化研讨的专论,是由作者作了长期调查研究后所写的,具有现实意义,并产生了相当大的影响,对于沟通海峡两岸及海外华侨华人的交往与联系,起了一定积极作用。因此获得全国二等奖并被内外报刊所转载。"肯定我的《文心雕龙集校》,"用力勤、用心细、时获创见",为"集大成之作"。顾廷龙先生肯定我提出的"五缘文化",是"学术界公认的一个创见。经过调查研究,征引大量材料,作出了纵向与横向的分析论证,很有说服力",是"真读书多,积理富,做到了融会贯通了"。由于五缘文化对侨务工作起了积极作用,2015年7月,上海市第十一次侨代会召开,上海市侨务办公室,上海市归侨联合会,还授给我"侨界先进个人"称号,并颁发给我"侨界先进个人奖章"。我的《五缘文化论》和"五缘文化与现代文明"系列丛书"总序"的手稿,也为中国文化名人馆所收藏。"五缘文化"在国外也受到广泛关注:同济大学出版社编辑室主任、"五缘文化与现代文明"系列丛书责任编辑季慧博士,在2011年12月30日,从美国Google(谷歌繁体)检索,"五缘"有2.47亿项结果;"五缘文化"有9 292万项结果。

五缘文化研究经历大致有3个阶段:第一阶段集中于"五缘"内涵、研究对象、社会功能的探讨,重点通过对"五缘"历史、社会资源发掘和对外开放"三引进"成功经验调查、总结,以事实论证"五缘文化"说存在的空间和合理性,让它在社会立足;第二阶段是在前阶段基础上拓宽视野,从经济到社会其他领域,从实证转向学理探索;第三阶段进一步深化,从多学科视角由纵横两轴拓展:贯穿古今,沟通中外,探研"五缘文化"与中华文化、民族心理联系,历时表现形态以及社会功能。其实质,正如台湾地区著名学者、上海五缘文化研究所特聘研究员林安梧教授所说:"五缘文化是由华人生活世界里由'经验的觉知',再经由'概念的反思',进而'理论的建构',这是华人从自本自根长出来的理论。"当然,"五缘文化"作为社会实践中形成的一个学说,虽经众多学者、实际工作者31年的努力取得了不少成绩,但仍然是处在初创阶段,学科建设任重而道远。我在2009年12月12日由上海市侨办和上海社科院联合主办的"纪念五缘文化研究20周年暨华人社会学术研讨会"上致答谢词时,曾以自填的《蝶恋花·五缘路》抒怀:

寻寻觅觅五缘路,走遍天涯,期与同道遇。崎岖曲折无说处,梦中梦醒几回误。

欲尽此情书尺素,托与雁鱼,翔游找仙居。有朝四海成通衢,潜龙跃起擎天柱。

四、"五缘文化"研究的立足之道

五缘文化的提出、研究,之所以能取得现在的结果,一是拜改革开放时代之所赐;二是靠诸多社会贤达和一批不计名利同道的关怀、帮助、参与,还有就是有关部门和领导的支持。没有这些,一直处于缺乏经济和物质资源的民间研究,是很难坚持的。上海五缘文化研究所与国务院发展研究中心脱离隶属关系之后,就完全依靠海内外热心支持文化研究的单位和个人的捐助来维持。研究所按"有多少米,烧多少饭"的原则,只设课题费、项目费(如开研讨会等),不付任何津贴和车马费,包括我这个所长在内,连电话费也不报。最困难时,大家连开会的交通费也是自己掏腰包,所以有人说:"真难以想象。"但25年还是坚持下来了,基本队伍始终没有散。这究竟是什么力量支撑的?我

在2013年10月6日"纪念五缘文化与华人经济研究室成立20周年"时,曾即兴写一俚句形容历尽艰难一起走过来的团队:

> 问道不嫌贫,只求学理真;
> 书生情何寄?送怀民族兴。

对学问的追求和对中华民族复兴精神的寄托,这大概就是这个团队得以坚持的最深层原因。

由于"五缘文化"研究是以恩格斯定义的马克思历史唯物主义"物质生活资料生产"和"人类自身的生产,即种的繁衍""两种生产论"为理论出发点,以社会结构和社会人际关系网络为主要研究对象,把"五缘文化"定位于制度文化层面:内联精神文化,外系物质文化,因此,具有理论与实践的双重品格和包容性大与渗透性强的特点。所以在五缘文化说提出之后,引起了众多学者和实际工作者的关注,从不同学科专业和不同的工作岗位,在"五缘文化+"上做文章,以不同的途径和方式参与"五缘文化"研究和实践。这从已出版的20部"五缘文化"研究专著、文集,和数千篇论文、文章,以及被多学科、多部门所援引和运用中可以得到证明。而上海五缘文化研究所,也本着广结善缘、多交朋友,按照研究所顾问、已故的著名学者王元化先生所倡导的"在学术上存同求异,在学者间存异求同"的精神行事。因为它是民间研究机构,成员没有行政隶属关系,不存在行政制约压力。它也不是营利单位,因此也无利可图。所以只能发挥"缘"的优势,以道义、友情纽带结合,同道相聚,来去自由。这样也就更能凸显宽松环境,更有利于个人专业思想的发挥,产生有独特见解的研究成果。

五缘文化研究源于改革开放实践,始终面向实际,与时俱进。"五缘文化"研究的广度与深度,是随着中国改革开放步伐发展的。最初是从"三引进"发掘海外资源,推动地方经济起飞开始,介入的学科是华侨华人学、社会学、民俗学、宗教学、经济学、管理学、营销学;实际工作部门是侨务、统战、海外联谊、沿海省市地方政府(特别是侨乡)。后来逐步扩展到民族学、谱牒学、方志学、心理学、文化学、国际关系;实际运用扩展到社区建设、乡村振兴、海峡两岸关系、构建和谐社会、"一带一路""人类命运共同体"等诸多领域。2016年12月23日,"纪念福建省五缘文化研究会成立20周年暨'五缘文化'与'一带一路'建设论坛"在福建举行,参加会议有来自上海、湖南、湖北、江西和福建福州、厦门、漳州、泉州、永定等地的高校、社科研究单位和文史研究单位及有关部门的专家、学者、领导90多人,收到论文46篇。2017年12月1日,上海国际问题研究院同上海五缘文化研究所联合举办"五缘纽带与新时代大国外交"研讨会,有上海、北京、湖南、广西、福建五省市近30位专家学者参加,收到论文18篇,有20多人作了发言。我应邀作了题为《新时代中国特色大国外交与五缘文化》的主旨发言,论文后在《国际关系研究》2019年第1期发表。2010年6月在上海举办世博会期间,由共青团中央、《农村书屋》杂志社、中国光华科学基金会、上海世博会事务协调局、上海社科院等单位联合主办的"万名'村官'看世博大型公益活动",其中有一个内容:分批举办多期"'村官'研修班",学员来自北京、河北、山西、山东、江苏、浙江、湖南、安徽、江西、陕西、甘肃、新疆、宁夏等全国各地的农村基层干部,我被聘为"公益教授"(无讲课费),向他们讲授《五缘文化与建设新农村》,受到"村官"们的欢迎,成了每期必讲的"保留课程"。"村官"们反映:"五缘文化理论将对今后建设新农村的工作产生更大的作用。"《农家书屋》2010年第9期作了报道。2017年10月,复旦大学中文系和上海五缘文化研究所联合举办"民间文化与乡村振兴"学术会议,我又应邀作了《五缘文化与乡村振兴》的主旨发言。

"五缘文化"研究仍在持续发展之中。2020年12月8日,湖南省邵阳学院五缘文化研究所正式挂牌成立。邵阳学院"五缘文化"研究可谓异军突起,学科带头人是该院历史系胡克森教授。据他在《我的"五缘文化"研究及其课堂教学》一文中的自述:"我1989年7月北京大学历史系研究生毕业,有两年半时间在洞口县委办公室综合信息组工作。好像是1990年9月的某一天,看新到的《新华文摘》第9期来了……我翻开《新华文摘》就看到了林其锬先生发表于《上海社会科学院学术季刊》1990年第2期,又被该年的《新华文摘》第9期全文转载的文章:《'五缘文化'与亚洲的未来》。于是我一口气读完,从而对'五缘文化'这一概念的提出产生了浓厚兴趣。"从此开始了独立研究,先后在《洞口党报》《邵阳日报》发表了多篇文章。1998年他调入邵阳学院继续他的"五缘文化"研究,又陆续在《北京大学学报》《烟台师范学院学报》《史学理论研究》等多家刊物发表由自己研究所得而撰成的论文。2004年他向湖南省教育厅申报了《"五缘文化"与中华民族凝聚力研究》研究课题,获得立项。经过4年努力,终于撰成同名的30万字书稿,并在2008年由湖南人民出版社公开出版了。在课题进行中间,还先后在《史学月刊》《北京行政学院学报》等全国核心刊物和省级以上发表了5篇课题研究的中间成果。书出版后,在学校本科评估中得到好评。由于领导支持,将《五缘文化与中华民族凝聚力》列入历史专业专题讲座,并在历史专业三年级讲授"五缘文化"的基本内容。通过试讲,师生反响很好,从2011年开始,新开了一门《"五缘文化"与中华民族凝聚力》新课程,30个学时,2个学分。还打算向中文系和其他专业学生开设。近年,胡克森教授拓宽了"五缘文化"研究领域,将其延伸到"五缘文化与乡村振兴""五缘文化与人类命运共同体的构建"。2019年7月,他参加北京"第7届国际文化管理·2019"国际学术会议,发表了《"五缘文化"的价值理念与"人类命运共同体"的构建》长文,得到重视,《北京行政学院学报》压缩文字发表,全文则收入外经贸大学《国际辑刊》。由此可见:只要有兴趣、有追求,不懈努力,终会成正果的!现在邵阳学院领导积极支持胡克森教授领衔建立邵阳五缘文化研究所,并且得到邵阳市社科联合会等领导的支持,这也将是"五缘文化"研究发展的又一个里程碑。

从胡克森教授独立研究开辟"五缘文化"研究新境界的成功经验中,我得到启发:科研的成功与否,首先取决于研究者自身的兴趣和追求,兴趣和追求是研究者内在的原动力。"强按牛头不喝水",没有兴趣和追求,就不可能有创新性的研究;奉命研究、任务观点是产生不出创新性的科研成果的。当然,研究者的兴趣与追求又出于对社会价值和自身生命价值的体认,这又同国家科研、院所规划相通。所以,我一直抱这样的态度:"身在其位必先谋其政"。承担集体项目,完成组织交予任务是本分应尽的职责。但在其中,也可以寻求与自己兴趣、追求的切合点,即使距离太远而在具体项目中找不到,也可以挤出余力种"业余自留地"。所以我1989年到了亚太所之后,除了个人申报市社科项目"五缘文化与对外开放"外,还参加了由夏禹龙、周建明领衔的"亚太地区经济合作与中国亚太经济战略"规划项目,同时我对自己感兴趣而不懈追求的刘勰《文心雕龙》和《刘子》研究、经济思想史和管理思想研究都没有放弃,并且出版了多部被同行肯定而有影响的成果。但这只是一方面,另一方面,学术研究需要环境,包括时代社会大环境和具体工作生活的小环境,这是个人兴趣、追求得以实现的不可或缺的基本条件。良好的环境会给个人追求以助力,带来发展机遇。1500年前刘勰的《刘子》有《通塞》《遇不遇》专篇讨论了这个问题,"势苟就壅,则口目双掩;遇必属通,则声眺俱明"。这就是他的结论。环境的宽松,像国际所这样,就不会有"不务正业"的心理压力。

"五缘文化说"从提出到研究展开、发展,迄今已30年有余,之所以有今天,实是借助众力、集渐而成。正如前面提到的,一拜改革开放时代所赐;二赖诸多贤良相助。其中与社科院、亚太所、国际所提供的宽松良好环境,领导关心、鼓励、支持分不开。从一开始,所领导金行仁、王曰庠、刘鸣;院领导张仲礼、夏禹龙等都给予热心的帮助和有力支持。像张仲礼、夏禹龙院长,不仅在精神上给予关心和鼓励,而且直接参与,屈尊担任顾问、撰写文章、参加重要学术活动。夏院长在他生前最后出版了一本书《思想之自由乃我毕生不渝之追求——夏禹龙先生口述历史》，在书的《大事年表》中就有三条与"五缘文化"研究相关的内容作为自己的大事列入："2002年5月被聘为上海五缘文化研究所顾问。此前已被聘为顾问的有王元化、张仲礼、徐中玉、钱谷融等。"；"2014年6月5日至8日赴福州参加福建五缘文化研究会组织的研讨活动。"；"2015年11月在《五缘文化与中华民族复兴》一书中发表《历史唯物主义和'两种生产'论——兼谈人性、民族性与五缘文化》一文"。而且他还在《口述历史》卷前挑选一张注明"2010年出席五缘文化研讨会"的照片刊出。正因为"五缘文化"研究始终得到院所领导和众多同志的关心、支持，所以我在院庆40周年、50周年时，响应院《跨越不惑》和《同一梦想》征文，分别撰写了《"五缘"文化有知音》和《"五缘"文化说与亚太所同龄》两篇文章，从心底发出"科研无情人有情"感恩之情。社科院、国际所是一块值得珍惜、爱护的风水宝地；"天高任鸟飞，海阔凭鱼跃"只要有兴趣、有追求、肯努力，一定会实现自己梦想的！

1500多年前著名的文论家、思想家刘勰在《文心雕龙·序志》中说："岁月飘忽，性灵不居"，"形甚草木之脆"；又在《刘子·惜时》中说："人之短生，犹如石火，炯然以过。"的确，个体生命相对于绵邈宇宙，实在是太渺小、太短促、太脆弱了。转瞬之间，我已步入耄耋之年。回顾平生，前半生拘于环境，曲折崎岖，蹉跎岁月；后半生赶上改革开放时代，紧抓机遇，不敢懈怠，在经济思想和管理思想、《文心雕龙》与《刘子》、"五缘文化"3个领域做了努力,获得一些成果,但也是微不足道的。因此在过80岁生日时,自撰一首俚句:

人到八十尽天年,弹指韶光似云烟;
愧对苍生少作为,空蝗梁黍暗自惭。

林其锬:曾任上海社会科学院亚洲太平洋研究所研究员。

苏联东欧研究所初创时之人员组成

汪之成

1981年年初,中央及上海有关部门决定成立"上海苏联东欧研究所",由上海社会科学院与华东师范大学分别新设之"苏联东欧研究所"联合组成,所址设在华东师范大学丽娃河畔办公楼西侧。

1981年春夏之际,正式展开建所工作。华东师范大学从本校俄语系及其他相关部门抽调教师组成。上海社会科学院主要从上海各单位调配及招聘科研人员,并录用一批高校毕业生。此外还曾举办过一次面向社会的公开招聘考试,然而最终仅录取两人(张效令与汪之成),均分配至上海社会科学院苏联东欧研究所。

上海苏联东欧研究所所长由华东师范大学党委书记施平兼任,副所长为该校林世昌及姜琦,办公室主任翁丽珍。

华东师范大学调入之科研人员主要有:仇家泰、邱汝琨、高祖源、李必莹、赵泓、干永昌、田娟玉、徐悦舫、邱慧芳、杨季舫、杨大韬、张佩珍、张菊仙、曾晓景、周秀荷、邱志华、房筱琴、杨烨、胡磊、陆钢、王义祥等。

上海社会科学院先后调入苏联东欧研究所人员为：

单录中——男,1956年生,北京大学俄语系毕业,所学专业为俄语,1981年8月到所；

陈家麟——男,1934年生,财务,1981年9月到所；

汪之成——男,1940年生,上海外国语学院俄语系毕业,所学专业为俄语,1981年10月到所,职称为翻译；

张效令——男,1941年生,华东师范大学外语系毕业,所学专业为俄语,1981年10月到所,职称为翻译,1986年病故；

朱锡琳——女,1931年生,北京俄语学院毕业,所学专业为俄语,1981年11月到所,职称为翻译；

项粲兮——女,1935年生,匈牙利罗兰大学毕业,所学专业为匈牙利语,1981年12月到所,职称为助理研究员；

季谟——男,1928年生,上海外国语专科学校毕业,所学专业为俄语,1981年12月到所,职称为工程师翻译；

唐元昌——男,1934年生,苏联列宁格勒大学毕业,所学专业为历史,1982年1月到所；

叶方咸——男,1949年生,华东师范大学外语系毕业,所学专业为德语,1982年2月到所,职称为实习研究员,后去德国留学；

徐本豪——男,1952年生,华东师范大学政教系毕业,所学专业为政治,1982年2月到所,职称为实习研究员；

周健——男,1959年生,华东师范大学外语系毕业,所学专业为法语,1982年2月到所,职称为实习研究员,1985年去中国人民大学读研究生；

部源远——男,1934年生,北京俄语专科学校毕业,所学专业为俄语,1982年4月到所;

童适平——男,1954年生,华东师范大学外语系毕业,所学专业为日语,1982年5月到所,职称为实习研究员,1985年去复旦大学读研究生;

蒋少章——男,1946年生,华东师范大学图书馆系毕业,所学专业为图书学,1982年6月到所,职称为助理馆员,1986年去上海市华侨事务办公室;

彭佩瑜——女,1959年生,华东师范大学外语系毕业,所学专业为俄语,1982年8月到所,职称为实习研究员,1985年去上海交通大学;

宁健强——男,1948年生,华东师范大学外语系毕业,所学专业为俄语,1982年9月到所,职称为实习研究员,后去南斯拉夫;

陈钜山——男,1937年生,解放军外国语学院英语系毕业,所学专业为英语,1982年9月到所,1986年回上海社科院,未几复调至华东师范大学苏联东欧研究所;

许怡君——女,1951年生,1982年到所;

冯欣欣——女,1983年1月到所,1984年调离;

周伟嘉——男,1957年生,华东师范大学外语系毕业,所学专业为日语,1983年8月到所;

徐荣明——男,1957年生,北京外国语学院东语系毕业,所学专业为罗马尼亚语,1984年8月到所;

……

1986年经协商,上海苏联东欧研究所由联合办所,分拆为上海社会科学院苏联东欧研究所及华东师范大学苏联东欧研究所。属上海社会科学院编制的科研人员全部撤回上海社会科学院院部办公。该所先由季谟任副所长,主持工作,后由王志平出任所长,并逐步增加科研及管理人员,完善组织机构。

汪之成:曾任上海社会科学院东欧中西亚研究所研究员。

再也回不去了
——苏联东欧问题研究所

姚勤华

我是 1988 年研究生毕业后进上海社科院的,那个时候的苏联东欧问题研究所在上海还是比较强的。其一,作为国别和地区研究所,其创立的历史不仅在上海,在国内也是比较早的,它成立于 1981 年。其二,首任所长是华东师范大学党委书记施平,他是一位老革命,资历深,后来担任过上海市人大常委会副主任兼秘书长,今年 110 岁了,高寿啊,著名的施一公院士是他的孙子。其三,研究所是由上海社科院与华东师范大学联合创办的,所以它的名称不是某个单位的苏联东欧研究所,而是冠以"上海"名称的研究所。

1981 年我国改革开放刚刚起步,许多工作还在拨乱反正中,对外的大门才刚打开,西方学术思潮露出了涌入的潮头,中国与苏联及其小兄弟国家的关系还处于对骂中。国内学术界对苏联与东欧国家的关注大多是从国际共运史的学科角度,研究社会主义国家的党际关系和国家间关系,研究处于半公开的状态;还有部分学者是从俄语等斯拉夫诸语言的角度,研究苏联与东欧国家的语言和文学。在这样的大背景下,中共上海市委同意设立苏联东欧问题研究所,是具有高度政治勇气和对未来发展的前瞻性的。而上海社科院与华东师大联合创办该研究机构,说明我院在复院之初就意识到研究苏联东欧问题的重要性,在上海乃至在全国率先介入了这个研究领域,开始聚集和培养这方面的人才。

1987年,我院在上海苏联东欧问题研究所基础上创办由我院自主运行的苏联东欧问题研究所,院党委从全院抽调了苏联东欧方面的专家,有研究苏联政治、苏联经济、苏联外交、东欧诸国问题等,以凝聚和加强学科队伍。我和崔宏伟是进所最早的硕士研究生,在我们之前,杨维炽、项絜兮等前辈已先期从其他研究所调入苏东所,徐本豪、张湘、宁建强等学长也入职了苏东所,朱少雯和汤梁玮他俩是1987年本科毕业进所的,也比我俩进所早。"文化大革命"使科研队伍青黄不接,我院还从社会上招募人才,汪之诚老师、沈国华老师都是那个时候进所的。

上海苏联东欧问题研究所是科研机构,不是教学单位,为了培养人才,学位点挂靠在华东师范大学政教系的国际共运史专业下。我们这一届共招了7位研究生,如果没有记错的话,我和另一位女同学是在上海苏联东欧问题研究所名下招生的,应该是苏东所的第一届硕士研究生。记得当时给我们上课的,除了华东师大的老师外,还有上海社科院的老师,季谟老师就曾给我上过课。毕业前,我来社科院联系入职事宜,是季谟老师接待的。所以,可以说,我也是所里培养并留在所里工作的第一位研究生。当时,我院的苏东所正在筹备之中,还没有正式宣布所长和副所长,季老师是筹备组负责人。我报到时,王志平老师已被正式任命为苏东所所长,季谟老师是副所长,不久朱崇儒老师也被任命为副所长。

初创时期的上海社科院苏东所在我脑海里有几个印象比较深刻,一是苏东所的外语人才济济,语种比较齐全,除了俄语、英语,还有匈牙利语、罗马尼亚语、波兰语、塞尔维亚语、德语等人才,几乎囊括了全院的小语种人才;二是以地区与国别研究为主线,搭建了学科框架,设立了苏联研究室、东欧研究室、苏东经济研究室、资料室等,由于研究东欧问题的科研人员相对比较多,不久东欧研究室被拆分为东欧一室和东欧二室。三是年龄结构两头多、中间少,老一代经历"文化大革命"的磨难,阅历丰富,年轻一代初出茅庐,想干事,所里以老带新,同事之间和睦相处,工作氛围非常和谐。

国际问题研究所最早就可追溯到 40 年前的苏东所,很遗憾,在国际问题研究所 40 周年大庆之际,苏东所 3 位老所长中,王志平老师和朱崇儒老师已驾鹤西去,他们的音容笑貌依然历历在目,非常怀念他们;在此,衷心祝愿季老师健康长寿。

姚勤华:曾任上海社会科学院东欧中西亚研究所研究员,上海社会科学院世界经济研究所副所长,世界中国学研究所所长。

我从上海社科院
亚太所再出发

王海良

提笔写下这个标题时,我已经从上海社科院退休一段时间了。回望走过的人生之路,在上海社科院工作的 22 年是我职业生涯中最长也是最丰实、最重要的阶段,而它的起点是亚太所。

闯入全新的国际关系视域

我于 1996 年 6 月从复旦大学历史系调入社科院亚太所,此前在复旦大学历史系学习、工作 10 年整。来到社科院亚太所,对我而言,不只是换了一个单位的问题,而是工作性质和研究领域都完全改变了,整个职业生涯换了轨道——从以教学为主转轨到以研究为主;从世界史专业转轨到国际关系领域。到亚太所报到前,我已经应邀参加亚太所的新年聚餐,并有幸见到了张仲礼老院长和严谨书记,院领导的和蔼可亲、全所同仁的和睦气氛给我留下了良好印象,颇有久游而归的感觉,认同感油然而生。不过,全新的环境、岗位和专业对我构成了挑战,当时的心情是充满新奇感、跃跃欲试而又忐忑不安的,不知道未来的工作和发展将是怎样一个情景。

一、宽松良好的研究环境氛围

亚太所是社科院的小所之一,全所共约 10 多个人,时任所长是周建明研究员,副所长是王少普研究员,办公室主任是王秀文女士。所虽然小,但"五脏俱全",一样不少,全所运行自如,后勤服务周到,办事效率很高。我们科研人员每周二、五到所,一般是先集中开会,传达文件精神或院里情况,进行学习讨论,布置相关工作,然后围绕国际形势热点进行讨论或议论。所领导十分重视政治学习、政策领会、方向引导,从根本上解决立场和方向问题,也从方法论上给大家提供了指导。对国际关系和国际形势的讨论,则起到了抓住热点、焦点和难点,拨开迷雾看清全貌、透过现象看清本质的作用。这种讨论部分专业和领域,一般并不指定重点发言,往往是所长抛出题目或问题,然后大家你一言我一语,各自或发表看法,或提供信息,并相互请教、补充、完善,最后达成共识或得出结论。这个模式对大家的研究工作很有好处,对我这个刚入行的新手来说,就更有帮助了。亚太所的同事之间相处得不错,经常交流互动,彼此提供资讯,互相关心帮助,一片和谐氛围。亚太所领导考虑到我曾研究英国历史,熟悉英联邦的情况,安排我到东南亚研究室,我愉快地接受并启动了东南亚地区国际关系研究。

二、在所长引领下小有成果

在一般的科研组织工作之外,所领导的引导、指导、带动,无论对研究团队,还是研究人员个人,都起到了指路、推动和鞭策的作用。例如亚太经合组织研究,我们就在周建明所长的带领下,建立了专门团队,结合2000年APEC上海峰会的筹备,开展了有声有色、颇有成果的工作。周建明、蔡鹏鸿和我合写了《面向未来的亚太经济合作》(学林出版社2002年版)一书。在周所长组织下,我们几位同仁编写了直接为上海峰会服务的普及读本《APEC知识100例》(上海人民出版社2001年版)。我还参加了周所长领衔开展的欧洲社会建设研究项目,在德国阿登纳基金会的资助下,完成了研究报告《欧洲社会政策的启示》,后又成书《和谐社会构建 欧洲的经验与中国的探索》(清华大学出版社2007年版)。这个项目虽既不属于国际关系范畴,也不是亚太区域研究,却得到了王绍光、胡鞍钢、黄平、周弘等著名学者的支持,开拓了比较发展研究的国际视野,也发挥了大家各自的专长。

又例如我们所的一个关于亚太安全格局的集体研究课题,得到了美国福特基金项目的资助,取得了扎实的研究成果,有些内容至今也没过时。记得在1999年夏季,周所长与我讨论亚太安全问题时,要我把观察心得写出来。我概括了朝鲜半岛、钓鱼岛、台海、南海4个热点地带的安全挑战,作为西太平洋安全战略的主要观察点,并提出了一些粗浅的看法。他看了以后给予充分肯定,认为可以设计成研究课题。于是,我把文本扩展成了研究课题方案,经周所长修改完善后,向福特基金会申请资助,当年获得批准、得到了资助。

还有,1996年台海危机爆发后,在周建明所长带领下,我们开始关注军事问题,尤其是世界新军事革命的情况。在留美学者张曙光教授的帮助下,我们开展新军事革命资料的编译工作,受到国防大学、军事科学院等军队单位的重视,得到相应的支持和帮助,出版《以军事力量谋求绝对安全》(国防大学出版社2003年版)和《2001四年防务评估——安全驱动的战略选择》(国防大学出版社2003年版)。我承担了两本书中多个章节10多万字的翻译工作。这些集体项目的开展和成果的出版,是集体智慧和力量的结晶,但也可以说体现了所领导的眼光、凝聚了学科带头人的心血。

尤其难忘的是曾在周建明所长筹划、主导、带领下完成的两篇学术论文,一篇题为《国家大战略、国家安全战略与国家利益》(载《世界经济与政治》),另一篇题为《公平的发展》(载《学术季刊》)。那是世纪之交阶段,周所长与海内外学界志同道合的学者一道,分别开展了国家大战略的研讨和国家社会建设的研究,我作为亚太所的副研究员有幸参与了其中部分研讨。这两篇论文可以说是周所长相关研究的浓缩结晶,文章的整体架构和主要内容都是他完成的,我只写了其中一两节,勉强算是第二作者吧。在讨论、构思、撰写和定稿的过程中,我从他那里学到了很多东西,可谓获益良多:一是扶持后学的高风亮节;二是善于发现问题、勇于解决问题的学术品格;三是开阔视野、深度思考的严谨学风。

三、手快笔健鼓舞斗志士气

在亚太所工作时,我与院内外同行也多有交往、交流、合作。在院内,与欧亚所潘光所长,余建华副所长,王健、崔志鹰、崔宏伟等常有交流、互动或协作。在院外,一是参加了上海国际关系学会,结识了会长陈启懋,秘书长金应忠,学术前辈陈佩尧、朱马杰、俞新天、杨洁勉、丁幸豪、郭隆隆、夏立平、潘锐、田中青、李敏涛、朱威烈、陈大维等。最难以忘怀的是,1999年3月,美军导弹轰炸我驻贝尔格莱德大使馆后,举国上下义愤填膺,强烈抗议声讨。上海国关学会与新民晚报国际部很快商定,组织一批学者,一起拿起笔来,抒发我们的愤慨,提高我们的士气。我应邀参加了策划和选题会,并成为主要写手之一。按照计划,《新民晚报(国际版)》用整版刊登一篇文章,连续刊登数十篇,直到年终。这既是我们对美国的抗议之举,也是迎接21世纪前的记录。檄文一出,人心振奋,一炮打响,很受读者欢迎,沪上一时间传为美谈。我为这个专栏共写了17篇文章,前后整整17个版面,蔚为壮观。后来,时任新民晚报国际部主任鞠敏把这批专栏文章编辑成书,书名为《世纪档案》,以精装大开本的装帧形式出版。

那个时期,在亚太所同事王泠一的策划运作下,我还参加了与《文汇报》《解放日报》《青年报》的合作,写了一批国际时事评论文章。其中与文汇报国际部主任卢宝康先生的合作最富有特色和成果。最值得一提的是,在《文汇报》发表的《大弧圈:地缘战略高危地带》一文中,我提出了"冷对抗"这个概念。当时的想法是,国际上有人提出"冷和平"的说法,我认为并不是很科学,后冷战时代局部国际局势的实际情况,用"冷对抗"来描述更准确。我还在亚太所的刊物《亚太论坛》上撰文专门阐述了我的想法。但当时没人注意这个提法,我也没继续探究它。过了很长时间后,在评论两岸关系时,我再次使用"冷对抗"一词,犹如立刻激活了它一样,竟有很多人采用,并与"热对抗"一词并用,已成为常用词。

四、对外交流及研究生教学

在亚太所,对外学术交流比较频繁,不仅与国外同行交流,也与外国政府官员、议员、外交官、外军军官交流,还参加外国驻沪总领馆的各种活动。印象比较深的交流活动有1998年夏天参加接待美国总统克林顿,我们几位学者被安排在上海图书馆外文报刊阅览室,克林顿参观上图经过时,我们起身与他打招呼,表示欢迎,他则面带微笑,分别与我们握手。我们还在上图会议厅听了克林顿夫人希拉里的演讲。另外,先后两次跟随周建明所长陪同新加坡学者到瑞金宾馆拜会上海市原市长汪道涵,其博览全书、儒雅和蔼的气质给我留下深刻印象。还有接待美国太平洋舰队代表团,与10多位现役和退休军官座谈交流,从第二次世界大战历史谈到安全合作,气氛坦诚自然。

我作为研究东南亚的副研究员,两次被派往新加坡东南亚研究院做访问研究,都是为期一个月。访问期间,为该院院报 *Trends* 撰写了关于南海问题的英文文章 "The Role of ASEAN from China's Perspective",被多家东南亚报纸转载,并被全文翻译登载到了新华社《参考资料》上。访学期间，还拜访了新加坡国立大学东亚研究所、南洋理工大学国际战略研究所、亚欧基金会秘书处、国际关系学会等；结识了王赓武、陈谢秀瑜、李励图、盛力军等学者，还结交了一些华人朋友；另参加了有李光耀、吴作栋、陈庆炎等领导人发表主旨演讲的活动及若干学术会议。后又先后赴新加坡和马来西亚出席研讨会，所撰英文文章"*China's Peaceful Rise in Interaction with ASEAN*"被收入马来西亚大学中国研究所编著出版的 *Malaysia, Southeast Asia and the Emerging China: Political, Economic and Cultural Perspectives* 一书。在既有基础上，我申请国家留学基金，打算再去新加坡做长期访问研究，结果虽然拿到了资助，却被建议去泰国访学一年。经征求所领导的意见，我觉得与原计划有较大偏差，遂决定放弃，留下了一个遗憾。

2001年，我被院方选调外事处挂职，担任副处长。挂职期间，比较重要的活动是接待了俄罗斯科学院代表团、越南社科院访问团；协助朝鲜社会科学院访问学者来沪访学进修；参与筹备召开了规模盛大的"第四届国际亚洲研究学者大会"，并协调整理和统稿《亚洲学回归亚洲——第四届国际亚洲研究学者大会论文综述》（上海社科院出版社2006年版）一书；参与筹办了首届世界中国学论坛，统筹举办了第二届世界中国学论坛；后又统筹举办了第六届世界中国学论坛以及韩国分论坛。还陪同院领导、相关专家学者出访日本、越南、新马泰、印度、北欧五国、西班牙等国。其中印象最佳的是与日本创价学会名誉会长池田大作的接触，以及在创价大学校园栽种"上海社会科学院纪念树"。

这个时期，我因被行政工作缠身，较少参加亚太所的研究活动。不过，因有在复旦大学历史系的学习基础和教学经验，所领导还是安排我为亚太所研究生讲授国际关系史课程，前后共有两批学生听课，后因行政工作繁忙，难以兼顾，遂不再授课。虽然授课时间不长，但却是一段愉快的经历。这也为我后来给中马专业世界中国学方向博士研究生讲授《中国与世界》这门课奠定了部分基础。

五、再次转换学术研究轨道

到外事处挂职后不久，院党委任命我兼任院台办主任，后改为院台港澳办主任。我是在既有新鲜感也颇为不安的状态下开启涉台工作的。院领导说，能者多劳，边干边学，相信你能干好。领导不仅给予了充分信任，还提供了专项经费支持。为适应形势变化，加强涉台研究，院党委对院台研中心进行了改组，调整了领导班子成员，院党委副书记刘华兼任中心主任，屠启宇、黄仁伟、周建明、章念驰任副主任，顾问为厉无畏、张志群、尹继佐，我任秘书长，杨剑任副秘书长。这为我们开辟新局奠定了基础、创造了条件。

有了新职位、新角色、新任务，也有了新挑战。我不仅要继续做外事工作、对台交流和管理工作，还要组织涉台研究。而当时我并没有台湾研究的基础，仅有的涉台基础：第一，周建明所长是中国台湾问题专家、海协会汪道涵会长的助手之一，他时常在亚太所提到中国台湾问题，我有所耳闻，也有感而发，结合两次德国统一的历史过程写了一篇文章；第二，此前由亚太所派出、随上海台湾研究所学者团访问了台湾地区，初步取得了对台湾的感性认识，也结交了几位台湾学者朋友；第三，我曾数次接触过汪老，聆听过他的谈话。但可以说在中国台湾研究领域，我是一个外行和新手。由此，我不仅再次转入了新专业、新领域、新圈子，同时也完全进入了政策研究和智库模式。

借助于我院尤其是涉外研究单位的有利条件，开拓开展对台交流，与10多家台湾高校、研究机构、智库建立了交流关系，每年接待众多台湾来访团组和个人；每年访台人数从10多人扩大到100多人。我前后共访台15次，其中多次是率团访问。亚太所王伟男3次赴台调研陆配情况，收获丰硕，还出了专著。我们的研究生交流项目也收到良好效果。我们还举办了3个系列两岸交流活动，一是举办了4届沪台民间论坛；二是举办了3届海峡两岸妈祖文化研讨会；三是与台湾中流文教基金合办了3次"百年中国之路研讨会"。

涉台研究工作则主要依托我院经济、政治、国际关系、法律、社会等学科的优势，发挥专家队伍的特长和力量，开展跨学科涉台研究，取得了丰硕成果。一是承担国家和上海市有关部门委托课题；二是自设调研课题；三是与外单位合作项目。最重要的研究工作是参与发起《反分裂国家法》，在刘华同志的主持下，我们开展了一系列研讨，撰写完成研究报告，以建议稿的形式上报，为国家采用法律手段反分裂、遏制"台独"作出了贡献。

在涉台宣传方面，我应邀担任东方卫视嘉宾主持，为时数年；在《人民日报(海外版)》《环球时报》《中社会科学报》《社会科学报》《解放日报》《文汇报》《新民晚报》《上海台商》《中国怡居》等纸质媒体和中评网、中国台湾网等新媒体上发表文章和评论，宣传党和国家对台大政方针、大陆对台举措，为促进祖国统一尽力呼号。

六、国家统一目标成终身追求

回顾走过的路、受到的启迪、取得的成绩，我很庆幸当初做出了来社科院亚太所的决定。也感铭与汪道涵老前辈的缘分。是故，我在担任院图书馆馆长时，塑造了汪道涵铜像，它现在就摆放在上海社科院国际问题研究所。多年来，我一直秉持当年在亚太所树立的初衷和理念，始终密切关注国家发展和国际格局，始终以国家统一为追求目标，开展力所能及的研究。我还先后担任过院党群处长、统战部长、图书馆长、世界中国学所执行所长，但关注和研究的焦点从未离开过台湾问题和祖国统一。在研究成果方面，与台湾地区学者合作编著并在台湾地区出版了《两岸关系新论》《对立的和谐——跨越两岸关系深水区》《和谐的对立——共创两岸和平新愿景》《国际关系新论》；还在《中国评论》《亚洲研究》《当代青年研究》等刊物上发表代表性学术论文《世界大变局：全球力量再平衡与国际秩序的重塑——兼论冷对抗下的两岸关系发展趋势》《台湾前途与祖国统一：可能的路径与模式》《习近平有中国特色的统一观初探》《共同缔造统一：一国准则、立国基点和兴国取向——习近平有中国特色的统一观再探》《"一带一路"与国家大战略设计》《"大国协调"与两岸关系新建构》《两岸关系和平发展的文化基础》《析港台青年的政治运动》《台湾新青年觉醒：塑造新视野开辟新前程》等论文多篇。

我还在长期担任国台办海峡两岸关系研究中心特约研究员、中共上海市委台办咨询委员的过程中，发挥了涉台智库专家的作用。令人欣慰的是，我在中国台湾问题和祖国统一研究中的一些独立思考和原创成果产生了重要政策影响，有的被写入了党的文献。例如提出国家统一与民族复兴合一的观点；对民族认同、国家认同、文化认同问题的建议；"本体中国"论、"中国和平复兴"论、"中国统一对外影响"论、"两岸南南合作""两岸冷对抗""六个决不允许"等；首提"两岸民主协商"国家统一，参与探索设计"两制台湾方案"；我撰写的涉台涉美专报多次获得党和国家最高领导人的肯定、批示。2012年，因从事对台工作10年以上，成绩显著，我荣获上海市对台先进工作者称号。2018年3月，我从社科院退休，但对两岸关系的关切、对中国台湾问题的思考、对祖国统一的企望一刻也停不下来，推动着我继续发挥余热，扎实开展中国台湾问题和祖国统一研究，并担负起了比以前更重要的任务。

王海良：曾任上海社会科学院亚洲太平洋研究所研究员，上海社会科学院外事处副处长，台港澳办主任、中国学研究所执行所长。

国际所携我前行

丁佩华

时光荏苒,40年转瞬即逝。这些年中,研究所名称虽然从最初的"苏联东欧研究所"经多次改称直到现在的"国际问题研究所",虽然我和所内的前辈、许多同事因年龄先后离开工作岗位(有的已经离开人世),但我们的所不但依然存在,而且更加闪亮发光,所内研究学科和专业愈益增多,研究组室、中心不断扩充,研究水平持续提升,研究内容愈趋细化,课题质量精益求精,所的发展动力愈益增强,生命力更趋旺盛。国际所的发展壮大恰似长江后浪推前浪,一浪更比一浪高。

我是在所成立近10周年之际加入的这个大家庭。20多年间,研究所是我第二个家。在所领导的关怀、培养下,在同事们的帮助下,我逐渐成长为一名合格的专业研究人员。我在研究中遇到的事件及其研究性成果是我努力对研究对象思考、论证和预判的结果,是对其内在发展逻辑和规律揭示的结果。其中的一些经历历历在目,难以忘怀。国际所携我度过了美好年月。

一、首个课题：苏东剧变的原因

1990年秋，我从上海社科院研究生部硕士毕业后进入本院苏联东欧研究所从事地区与国别关系问题研究。顾名思义，苏东所的基本研究离不开东欧和苏联地域范围。我在进所的前后年间，东欧国家和苏联正发生着第二次世界大战以来最严重的政治变局。1989年，东欧国家纷纷政治倒戈转向西方阵营，苏联历年经营的"社会主义大家庭"分崩离析。1991年，苏联在突发"8·19"事件之后至年末的这段时间解体为15个独立国家，苏联的历史进程就此画上了句号。

那时所内的几乎每个研究人员，不论他（她）是什么专业，从事什么对象研究，心情都是凝重的。一个绕不开的沉重话题就是：怎么会变成这样？为什么苏联和东欧各国亿万人民曾经拥护并为之奋斗而建立的社会主义制度，在仅仅经历了几十年之后就走到了尽头？原因是什么？

这在当时确实是个严肃的命题，因为具有重要现实意义，所以引起国内社科界的广泛关注。那时，所内的大小学习会上大家经常会讨论和交流这方面的问题。对于"为什么"的问题大家谈论的观点基本一致或相近。总体认为，东欧剧变是东欧国家实施内政外交方针失败的结果。

这些国家的政治体制是高度集权外加内部严格政治控制。经济是指令性计划，高度集中，结构畸形外加实施"社会主义大家庭"的经济分工。外交上紧跟苏联步伐，迎合苏联意志，组建和加入华沙条约组织，参与同西方的意识形态冷战，与之军事抗衡。另外的情形是,东欧紧挨着西欧,东欧国家尽管实施信息严控制度,但相临的地理条件关不住信息的扩散。西方长期的反共宣传、市场经济与商品经济对峙和不同实施结果、东西欧经济发展差距拉大以及随之产生的人民生活水平差距扩大等信息在东欧国家间传播、流转,负面影响巨大。

20世纪50—60年代东欧国家曾先后发生过"波兹南事件""匈牙利事件"和"布拉格之春"等重大政治事件,1970年末波兰发生过因经济停滞触发的严重流血事件,1980年中又爆发严重经济危机。尤其是到了20世纪80年代前期,大部分东欧国家的经济出现危机。前期发生的政治事件并未引起东欧国家的警觉,未实施有效改革,而后期发生的经济危机已使国家政治分裂,走向没落。换言之,长期以来东欧国家已经习惯跟着苏联指挥棒转,视苏联为保护伞,改革不力,只求跟进,结果落得无力回天的下场。

苏联有着类似于东欧国家的种种制度弊端,而且更甚。作为"老大哥",苏联一方面严格控制着东欧国家;另一方面对国内民众也实施严格的政治控制;一方面把大量的资源投入重工业、军事工业,与西方搞军备竞赛;另一方面,轻工业、农业产出愈益满足不了国内需求,经济停滞,民怨日盛。苏联社会制度根基终于在20世纪80年代发生动摇。在苏联自顾不暇的情况下,东欧国家群龙无首,基本制度开始崩溃,执政的共产党、工人党先后被夺权,柏林墙被推倒,华沙条约组织被解散,整个过程在1992年4月终结,东西方冷战以苏东社会制度的垮台告终。

东欧国家遭到的最后一击是苏联领导人戈尔巴乔夫发起的

政治改革,他的新思维贩卖民主化、公开性、多党制货色,旨在追随西方民主,实施所谓政治透明、多元化,废除一党制。公开抛弃社会主义基本制度,投向西方怀抱,动摇社会主义大家庭根基,从而导致苏联解体,东欧国家政治制度崩塌。

此后,我应邀参与了本院社会学所所长丁水木老师主持的"社会稳定的理论与实践研究"课题的著作编写,在《社会稳定的理论与实践——当代中国社会稳定机制研究》一书中撰写了第一章:《回顾与思考——苏联和东欧各国社会主义制度兴衰的历史教训》,也算是我在这个时间段对这一严肃命题思考的总结性交代。不过,对这个问题的思考并未结束,若干年后,我对"堡垒最易从内部被攻破"的观点有了新的认识。

苏东的问题出在内部,根子在于国家权力被无限放大,民众的言论自由权、知情权被无限缩小。国家推行的方针政策和路线不容民众持不同意见,各级机构对民意层层压制,难以上达。社会宣泄机制不起作用,社会矛盾得不到缓释。长此以往,民众的不满会累积、憋屈,沉于心底;长此以往,民众对是非好坏会漠然、熟视无睹。从而,一旦经济停滞,政治动荡,有怨气的民众不但不会支持政权,反而会迎合反对派的政治要求,振臂高呼,把长期积累的不满和怨恨撒向政府。最好的情况也就是他们对动乱冷眼旁观,无动于衷。显然,这是最可悲的,因不让人民说真话而失去人民大众支持的政权,怎么会长久呢?

由此引出的另外一个思考题是权力监督问题。苏联和东欧国家权力的高度集中造成权力的无限扩大。高度集权不仅意味着中央权力至上,也意味着各级领导的权力在他们领导职务的这一层次上是至高无上的。除了向上级负责，各级领导都有"说了算"的权力。显然，这些国家没有有效的权力监督机制导致了政权与民众的分隔，而政权脱离了民众就成了无水之鱼、无根之木，就会滋生官僚主义，产生腐败，从而没有不败的道理。

二、两次中俄边贸考察

1991年年底，在一次所的学习讨论会上，我谈了自己对当时刚刚兴起的中俄边贸的一些观点，并希望能有机会去做一下实地考察和调研。没想到所领导对我的发言十分重视，很快就拍板同意我去黑河对中俄边贸做实地考察。使我感动的是，在当时所里经费十分紧张的情况下，所领导如数批给了我所需要的考察经费。

那时的出差也确实艰苦，中俄边境属于军事管制地区。为考察能顺利展开，我在办了边境通行证之后，在出发前买了一整行李箱的白酒以备交际之用。1992年3月初我出发了。火车非常拥挤，连上厕所都很困难。好不容易挨到哈尔滨下车，没想到行李箱超重被查，酒虽然没有被没收，但却罚了我125元款，把我的回家路费给罚没了。然后，在长途车颠簸了一天之后，我在黑河地委招待所落下脚，开始了我的考察行程。

那时黑河的中俄边贸尚未形成规模和气候，在黑河的大街小巷能见到有中国小贩在兜售俄罗斯的望远镜、照相机、邮票、套娃、衣帽和野生动物皮毛等，感觉都是零星货源，主进货渠道不详，但应该不在黑河，因为当时黑河所处的中俄边境处于严格管控状态,货物进出受到严格限制。在绥芬河,中俄边贸的进出口处于常态化状态,黑龙江的俄罗斯货源很大部分应该出自那里。这些货来自俄罗斯家庭的存货或二手货。中俄小贩之间易货为主,也使用人民币,较少使用卢布。所售物品有的是俄罗斯禁止出口的,很廉价,例如,一条野生银狐皮的售价不满100元人民币。金属产品、电器产品更廉价。苏联毕竟属于工业发达国家,水管软管、合金制作的手动摇肉机几元到十几元不等,类似我们现在同类物品的价格水平。这对于边境地区中国居民是有吸引力的。也可以想象,当时黑龙江对岸的俄罗斯居民的生活是何等艰难,他们为满足生存需求,几乎把家里的、工厂库存的一切可以交换的有价值的物品都用作交换了。中国用作交换的是一些廉价的鞋帽服装和当地产的一些日用消费品,因廉价,所以很有销路。

对当地政府有关机构工作人员访谈后得知,黑河地区有组织的中俄边贸尚在酝酿和计划之中,但已箭在弦上,势在必行。当时的黑河是贫困地区,缺煤少电,政府很希望能够通过对俄贸易获取自身所需资源。不过,短期难以实现这些目标,因为俄罗斯远东的经济处于无序状态,最初的边贸只能是民间的生活消费品贸易,只能是民间的互通有无。当时,在黑河地区,中俄地方政府间经贸合作条件尚不具备。

有一点是肯定的,边贸是互利的行为。对于俄罗斯,边贸对克服居民迫切的日常需求十分有利;对于黑河地区,边贸将有利于自身获得新的经济发展机会,借此改善地区经济状况,改变地区落后面貌。所以,黑河政府对开展对俄边贸态度积极,有关边境开放的计划加紧加速推进。

　　当时的我站在冰封的黑龙江岸边,想象着中俄边贸一旦全面展开对两岸经济发展的重要推动作用。届时,黑龙江边境地区将由中国最边远的封闭的东北部区域一跃而成为对俄远东地区合作的前沿,而黑河极有可能成为东北对俄经贸的桥头堡。边贸的展开意味着中俄关系进入新的阶段,意味着几十年来被阻隔的两岸交往开始正常化,而且,这实际上已经不仅仅是经济范畴的问题了。

　　考察结束后,回家可成了问题,电话打到了所里,朱崇儒副所长知情后即刻通知财务电汇500元。可那时的电汇路上也得走2~3天,好在黑河地区招待所领导王处长看出了我的窘境,爽快地借给我500元,才算没有在当地滞留。

　　第二年3月,我在收到黑河市政府会议邀请函后对黑河边贸进行了第二次考察,同行的有本所的沈国华老师。完全出乎我意外的是,经过一年的发展,中俄边境已经完全开放,黑河边贸呈现出一派欣欣向荣的景象,黑河市的主要街道变得熙熙攘攘,其中有不少来自黑龙江对岸的俄罗斯人。中俄商品琳琅满目,目不暇接。除了在街上公开叫卖的小贩,主街道两旁的门面房都变成了店铺,天气虽然寒冷,但感觉整条街道热气腾腾。有一个明显的感觉,那就是俄罗斯在售商品的价格上涨了不少,但质量仍然是有保证的。中国的售品都是鞋帽衣物等轻纺制品,也很有销路,主要是俄罗斯紧缺,价格便宜,但质量则成问题。

　　这次组织者安排与会者出境去对岸的俄罗斯城市布拉戈维申斯克进行贸易体验。临出发每人花250元带上一件地方产的皮衣用作易货交易物。皮衣制作简陋,我拿的这件还有钩破的小洞。最后,皮衣虽然在对岸出手了,换回的货也顺利过关,但心里很是忐忑不安,感觉这样的边贸不会长久。

在《黑河日报》即时约的短稿中我写下了自己的观感和看法。应该肯定,边境对俄开放,在黑河开展中俄边境贸易对双边关系史画上了关键的一笔,这不但有助于俄罗斯摆脱正经历的经济困境,也是黑河获得经济发展,改变自身经济落后的地位的重要机遇。但有一点必须做到,那就是国内商品要具有市场竞争力。以黑河当时的经济发展水平,产出有质量的商品有困难,但它可以借助于国内经济发达地区的优势,靠那里输送的优质产品,把黑河的对俄边贸基础打扎实,撑起来。当然,产品的成本、价格会比较高,但能保证发展具有活力和生命力,能够长期持续,健康发展。

不过,1993年春正是黑河对俄边贸繁盛之际,市场的繁荣以及由此给黑河带来的可观经济收益掩盖了边贸中出现的纰漏和问题。人们陶醉于享受边境开放所带来丰硕成果的喜悦,注重于积极扩大宣传实际边贸成果,显然顾不上关注边贸中的不足、研究克服边贸中出现的种种问题。

这年之后,中俄边贸冷却了许多年。俄罗斯贸易规则的无序和中国廉价产品的质量问题成了这一时期边贸的主要障碍性因素。不过无论如何,中俄边贸开启了两国关系新的篇章,其中黑河边贸经历了1993年的辉煌,时间虽然短暂,但这为后来中俄开展大规模经贸合作开辟了前景。现在,黑河边贸只是双边合作中的一个很小的组成部分,大规模的贸易物资经黑龙江大桥运送，而旅游经济成为黑河经济的重要组成部分，闭塞落后的黑河已经一去不复返。

三、见证"上海五国"

1996年是中国与苏联地区国家关系具有重要转折意义的年份。这一年的4月26日，中国、俄罗斯、哈萨克斯坦、吉尔吉斯斯坦、塔吉克斯坦五国首脑在上海举行了第一次首脑会议，讨论边境地区安全问题。这是个重要的时刻，某种意义上它将决定中国与这些国家未来关系发展的走势。这一天晚上，五国首脑在上海工业展览中心签署《关于在边境地区加强军事领域信任的协定》。潘光所长、我以及复旦大学等单位的有关专家接受上海电视台的邀请，在离首脑会晤地不远的锦沧文华大酒店参加直播活动。大家的心情都非常激动，因为隐约感到，在苏联解体之后，中国与这些国家正在开启一个新的关系时代，这将是一个大小国家关系平等，边境和平安宁，各国睦邻友好并最终能解决历史遗留的边境问题的重要会晤。直播间的主要话题就在于此。

边境地区问题是苏联遗留的困难问题之一，在苏联解体，俄、哈、吉、塔立国之后，边境遗留问题就成了中国与俄、哈、吉、塔亟待解决的任务，只有解决了这些问题，中国与这些国家的关系才能无障碍地更好发展，中国与这些国家的边境安全才能得到保证。当然，建立这样的首脑会晤机制是以中国与四国具备良好关系为前提。这一点，中国做到了。这些国家立国后，中国第一时间与这些国家建立了外交关系,在它们遭遇立国初期国内种种困难、矛盾和冲突情况下,中国始终秉持不干涉他国内政的立场,并在可能条件下积极发展与这些国家的经贸合作和其他合作交流活动。例如,中国在俄罗斯经济最困难时期与之开辟了边境贸易,并于上海五国首脑会议前夕建立了中俄"面向21世纪的战略协作伙伴关系"。有了这些良好基础,首次上海五国首脑峰会圆满成功举行顺理成章。

"上海五国"的重要意义在于:第一,上海五国首次成为一个重要的政治平台,建立起一个重要的地区国家合作机制,每年一次的首脑会晤为中国最终解决与俄、哈、吉、塔历史上遗留的边界问题提供了现实前景,使之在不长的时间里完全解决了中国与这些国家的边界问题。第二,边境地区的安全与稳定同五国军事合作、积极的地区反恐斗争结合了起来。第三,边境稳定为上海五国经贸合作的发展提供了重要条件,为中国和俄罗斯、中亚的经贸能源合作打下了基础。第四,边境安全加强了中国与这些国家的人文合作与交流,使之互信度不断提升,睦邻友好合作关系不断加强。第五,上海五国合作的发展促进了地区合作范围的拓展。2001年,"上海五国"外加乌兹别克斯坦正式成立了"上海合作组织"。在以后的岁月中,上海合作组织使自己的职能不断增加,成员国不断扩充,观察员国和联系国不断增加,互信互利、平等协商、尊重多样文明、谋求共同发展的"上海精神"成为"上合组织"的核心理念,从而使其国际影响力在短时间里得到增强,使之成为国际上重要的、不可或缺的、有着光明前景的重要地区国际组织。

"上海五国"也为我们所的发展增添了新的研究方向和色彩。"上海五国"第一次首脑会议之后,潘光所长抓住先机,在所内即时成立了当时全国为数不多的"上海五国研究中心",开展对中国与俄罗斯和中亚国家间关系的全面研究,研究方向包括地区睦邻友好合作、经贸能源合作、传统安全和非传统安全、民族问题、人文交流等,大大拓宽了所内研究人员的研究视野,扩大了我所同国内同行单位研究人员间的合作和交流,扩大了研究所与俄罗斯、中亚国家研究机构、研究人员间的研究合作与交往。

四、中俄油气合作:确立战略互动关系

进入21世纪,我逐渐将研究重点向中俄油气合作领域倾斜,这是因为考虑到从根本上看,中俄油气合作具有巨大的互补潜力和必要性,对两国的发展具有互利双赢的重要战略意义。

第一,中国油气安全需要得到保障。中国本身每年有2亿吨左右的原油产量,但已有产出不足以维持国家经济的可持续发展,所以中国每年从国外进口石油的规模相当可观。当时,中国的天然气开采还处于早期阶段,产量有限,远远不能满足国民经济发展的需要,但天然气进口尚不具备现实条件,煤炭的利用仍然普遍,环境污染严重。石油进口主要来自中东地区国家,风险明显。一是国家每年进口量大,消费竞争不可避免;二是海上运输距离长,需要经马六甲海峡和南海,一旦这些关键地区、海域发生政治变故或军事冲突,中国的海外石油供应就会被切断。

第二,俄罗斯油气资源潜力巨大,是发展经济改善民生的重要财富资源。俄罗斯油气资源主要分布在西伯利亚和俄沿海大陆架,包括远东大陆架和北部海域。石油储量约占世界的13%,天然气约占45%;已探明石油资源约占世界的10%,天然气约占30%;石油开采量居世界前列,天然气开采位立世界前茅。

但在当时,中国同俄罗斯油气合作也存有诸多不确定性。首先,俄罗斯油气开发开采缺乏资金,产生发展的不稳定性。俄油气资源分布地带环境条件恶劣,勘探开采困难,成本相对高昂。所以,俄罗斯的油气开采较之其他油气输出国需要投入更多资金。但在国力衰退条件下,俄罗斯没有能力对油气领域大量投资。其次,对华大规模油气输出需要建造长距离油气输送管线,需要其他设施和资源配套等同样耗资巨大。再则,中国对俄油气领域投资存在障碍,油气合作具有局限。俄罗斯十分看重对自身油气资源的保护,一般情况下它并不允许外国插手资源开发和开采领域。最主要的是,虽然中俄关系日渐改善,互信度加深,但中苏时期形成的猜忌和不互信坚冰壁障是难以在短期内彻底消除的。此外,中俄油气合作的发展、扩大和深化意味着中国对俄油气依存度的加深。显然,这也是一种安全风险。

不过,俄罗斯在当时为摆脱经济持续低迷、国力逐渐衰弱状况,也在积极开展、开拓对外合作渠道,努力吸收外资参与国内经济建设。在其科技优势已经大为削弱情况下,它能拿出来与外国伙伴进行大规模经济合作和经济利益交换的也只有为数不多的大宗资源,其中石油天然气最具吸引力和合作持久力。最主要的是，合作是互补、互利的双赢模式，这是合作的基础，也是前提和出发点。

中俄油气合作真正大规模地酝酿和实施是在21世纪初。尽管合作遇到种种困难，而且仅限于石油供需领域，但靠着两国不懈努力，油气合作不断发展和推进，在21世纪第一个10年中，在缺乏输送管道的情况下，俄罗斯靠着铁路运输，向中国出口了4 000多万吨原油。合作迈出了实质性的一步，并由此奠定了中俄油气合作的基础，使得合作一发而不可收。

进入21世纪第二个10年，中俄油气合作获得前所未有的发展。两国油气合作从原油交易扩大到石油产品交易；从天然气交易扩大到液化气交易；从建石油出口管道到建天然气出口管道；从下游合作延伸到上游合作；从合建石化企业到建加油站；从油气领域的高科技研发合作到技术设备供应；从油气领域提供优惠贷款到投资参股等，涉及油气合作大部分领域。其中，俄罗斯对华原油出口较之上一个10年获得数倍增长，并开启了大规模的天然气交易前景。

中俄油气合作深入发展反过来促使两国互信度进一步加强，并产生了积极的战略互动效应。

第一，世界油气合作构架的变化已经不能或较少影响俄罗斯油气合作利益。美国从油气进口国转为出口国、俄乌冲突、西方对俄经济制裁等正在破坏俄罗斯油气对欧洲大宗出口前景，而唯一能够填补这一出口方向利益损失的，就是俄罗斯可以将更多的油气出口转向有着积极的经济发展前景的亚太地区，转向中国。一方面，它依然保持着向欧洲出口油气的潜力、保持着供应的可能性和灵活性；另一方面，有了向亚太出口的巨大市场，它将不会有因油气出口欧洲受阻而造成巨大利益损失的后顾之忧。

第二，中俄油气合作与中国中亚油气合作形成互动。中国与这两方面的油气合作在互动中发展，逐渐形成主流趋势。这也是积极的趋势，不可能逆转。俄罗斯原本在中亚也是有重要合作伙伴的，但那时的合作是为使中亚的油气资源输往欧洲。现在则不然，例如，俄罗斯借道哈萨克斯坦石油管道向中国输送石油。在俄罗斯减少与土库曼斯坦的天然气合作之后，土库曼斯坦的天然气开始大规模掉头输往中国，并且，这条输送线路把中亚许多其他国家与中国在油气合作领域紧密连接。同时，这并不影响中国继续扩大与俄罗斯在天然气供需领域的合作，中国巨大的天然气市场需求潜力足以促进这两大供应国加大对华天然气出口。这对中国的油气安全保障无疑是一个巨大的跃进。

第三，中俄油气合作效应向中俄其他合作领域扩散。中俄油气合作实际上只是中俄能源、经贸全面合作的一个重要组成部分。油气合作的积极效应不可避免地会扩散到中俄其他合作领域，给予这些领域的合作以积极的推动作用。例如，中俄之间的石油和天然气合作促进了两国包括核能、电力、煤炭等领域的成功合作，其中，俄罗斯的移动核电设备和技术在中国市场得到关注。油气合作也促进了中俄对整个经贸领域合作潜力的发掘，一些从不出口中国的粮食和奶类产品开始大量输往中国，并展示出积极前景。例如，俄罗斯的面粉质量得到中国人的认可，在中国很有市场。俄罗斯产的骆驼奶粉价廉物美,一举而成为中国市场的畅销商品。总之,一方面,中俄油气合作持续扩大的效应不断扩散到经贸、其他能源,甚至包括政治、军事、文化等合作领域;另一方面,深入的中俄全面合作必将给油气领域合作带来更大的互信,提高相互的依存度,从而在新世纪第三个10年油气合作中结出更丰硕的成果。

在庆祝国际所成立40周年之际,我也发自内心地表达我对刚进所时的三位所领导人的深切敬意,其中的两位已经离开人世,但他们为所的发展所作的努力以及为社科研究事业作出的贡献一直是我发奋和努力工作的榜样,使我不能释怀。

我们的所长王志平老师,和蔼可亲。对同志们宽松,对自己则严格要求。我曾经去过他在祥德路的居所。在一套老式工房的狭小空间里,一张书桌上堆着满满的书籍和文稿,而屋里简陋的摆式则表现出老所长把所有精力花费在工作、研究上而无暇顾及家事的感人细节。他在接近80岁时还完成出版了自己的政治经济学专著《大转变时代:后垄断资本与世界和平》,并特地来所里送了我一本。望着老所长近50万字的厚厚的专著,看着王老师在扉页上简洁的题词,尊敬和感激之情油然而生,他对自身专业研究的执着忘我精神令我难忘,近耄耋之年仍然不忘携我们这些后辈之人前行使我感动。

朱崇儒副所长是一位老革命,乐观开朗,从不摆架子。记得他曾经抓所刊工作,虽然视力不好,但对所刊稿子的收录和编辑亲自过问,对像我们这些刚进所的新人的成长尤其关心,一旦某人写出一篇他比较满意的文章,往往会赞不绝口,积极鼓励,勉励其更加进步。朱老师离休后,经常在社区做国际形势宣讲和辅导报告,在报告准备阶段,他会经常打电话给我,和我一起聊俄罗斯中亚局势,探讨中俄关系和中国、中亚关系的趋势、前景等问题,表现出自身的无限活力和为社区发挥余热的积极态度。

唯一感到欣慰的是我们的季谟副所长仍然健在,耳聪目明,言谈自如。季老师性格随和,平易近人,乐观豁达。他的脸上总是洋溢着快乐的笑容,对事业责无旁贷,把自己分管的工作总是安排得井然有序,对所内同志关爱有加。如今他虽然已经 90 多高龄,但我们仍然能够在所里聚会时或院里其他场合见到他,感受他一如既往的强大的生命活力和对工作的执着精神。

显然,国际所是我的精神支柱,携我前行,发光发热。

丁佩华:曾任上海社会科学院东欧中西亚研究所研究员。

我与欧亚所

崔志鹰

屈指算来,我离开欧亚所已经有 18 个年头了。听说欧亚所后来与其他所合并组建了现在的国际所,新人不断涌入,学术成果累累,事业蒸蒸日上,我作为年近七旬的老欧亚人感到由衷的欣慰。

一

20 世纪 90 年代的欧亚所,在潘光所长和胡士君书记的带领下,全所人员团结一致,虽然经济待遇方面较差,但大家的心情还比较舒畅。当时正值世界风云变幻激荡,苏联解体、东欧剧变、两德统一、海湾战争、阿以冲突、朝鲜半岛核风波、东南亚国家谋求合作与发展等,需要研究的课题多,范围广,而且上级下达的研究任务也不少。我当时在欧亚所的周边国家研究室,理所当然地担负起对中国周边国际环境的研究工作,从东边的朝鲜半岛、日本以及中国的台湾海峡,到南边的东南亚国家,再到西边的印度、巴基斯坦、阿富汗、中亚地区,最后到俄罗斯、蒙古等。周边环境是否和平与稳定,与中国现代化发展关系很大,为此,我们需要撰写研究文章和报告。

  我是学中文出身,搞研究工作是"半路出家",尤其是对中国周边国家的历史文化不太熟悉,专业知识欠缺,而每年担负的研究任务又较繁重。怎么办?只有"边干边学","没有条件,创造条件也要上"。我往往写一篇文章,要看一大摞的书和刊物。有时有的历史问题搞不清楚,就要去查阅资料,力求将它搞清楚。否则"白纸黑字"写成文章,谬误瞎传会闹出笑话。那时的互联网没有现在这样发达,查阅资料必须要到图书馆。上海图书馆、徐家汇藏书楼、万航渡路政法学院内的社科院图书馆是我经常光顾的地方,而且那时交通也不太发达,我骑个自行车去一次,来回至少要半天,很费时间。

  90年代上半叶,科研人员普遍还没用电脑,撰写文章用500格稿纸至少要花3道程序。第一遍先撰写初稿;第二遍修改初稿;第三遍将修改好的稿子誊写清楚。倘若觉得誊写好的稿子还要再修改,那就修改完毕后再要誊写,太耗费时间和精力了。不像现在写稿子,敲敲键盘,在电脑上改稿打印,多方便啊!我记得有一次要誊写一篇1万多字的稿子,我从早上8点开始,除了中午吃饭外,一直誊写到晚上8点,用了20多张500格的稿子,整整花了一整天才誊写完。那时40多岁的我,上有老,下有小,家务也挺重,自身身体也欠佳,胃出血好几次,但总算还有点艰苦奋斗的精神,筚路蓝缕,辛勤耕耘,与各位同仁一起,较好地完成了所里交给的科研任务。

二

周边国家的研究,牵涉面广,涉及的学科也多,有政治、经济、历史、文化、宗教、社会等。个人的精力毕竟有限,为了完成科研任务,我时常"疲于奔命"。我记得我写过"中国与朝韩""中日关系""台湾问题""中国与东南亚""中印关系""中国与中亚""中俄关系"等文章。而且那时欧亚所几个研究室的课题有时是打破研究室的界限,全所共同研究的,我时常被拉去临时"当差"。我记得我写过"中欧关系""中国与中东"等文章,连"犹太人研究""非洲研究"等,我好像也写过文章;拉美、北美研究方向,我好像也写过一篇。

如此研究和写作,好处是学习的知识面广。为了写作,逼迫自己去啃书本,去阅读大量资料。弊端是研究的课题不可能深入,研究的水准也难以提高。到处"打酱油","左一锤子,右一榔头",精力过于分散,这种"打零工"式的研究方式,使我逐步意识到长此以往将一事无成。

20世纪90年代下半叶,我开始逐步集中于自己的研究方向。除了完成所里交给的研究课题外,我开始"经营"自己研究的"自留地"。1992年中韩建交,有关韩国和朝鲜半岛研究开辟了新的研究领域。由于朝鲜战争的原因,中韩建交前,有关韩国(以前称为"南朝鲜")的研究,在我国国内很少,不仅专家学者少,而且研究的资料匮乏。上海社科院朝鲜半岛研究中心是上海市和我国最早成立的朝鲜半岛研究机构之一,我有幸参加了该中心的成立大会。之后,我对朝鲜半岛研究的兴趣"一发而不可收"。我像集邮爱好者收集邮票那样,在各种报纸杂志上收集有关韩国和朝鲜半岛的研究资料。

20世纪20年代始,在日帝殖民统治下逃亡到上海的一批韩国爱国者组建了"大韩民国临时政府"举旗抗日。对"大韩民国临时政府"和韩国抗日独立运动的研究,有利于促进中韩关系的发展。我加入了此研究行列。我多次到徐家汇藏书楼翻阅了几十年的《申报》影印件,又到上海档案馆和南京第二档案馆,收集了有关的研究资料。我还到上海的韩侨(朝侨)家里进行实地采访。在此基础上,我撰写论文参加了复旦大学、浙江大学和重庆及上海"大韩民国临时政府"旧址的有关"韩国抗日独立运动"的研讨会,结识了一批学术界的朋友。

1997年,欧亚所派我随上海市外办代表团赴韩国参加国际学术大会。这是我第一次走出国门,抵达"研究对象国"韩国进行实地考察,开阔了眼界,进一步明确了研究的方向。冷战后朝鲜半岛局势的持续动荡,使不少有识之士深感不安。一些挚友劝我不仅要研究朝鲜半岛的历史,而且也应研究朝鲜半岛的现状,因此我开始关注起朝鲜半岛局势的发展。我注意到朝鲜半岛地区不仅存在着朝韩双方的军事对峙,而且与朝鲜半岛有关的中美日俄几个大国的利益在这一地区交织,我决定对围绕朝鲜半岛的错综复杂的国际关系进行分析研究。经过几年积累,我写出个人专著《大国与朝鲜半岛》。这本书对涉及朝鲜半岛的各种国际关系的历史作了简要回顾,重点在于分析、阐述现状,并对未来的前景略作了展望,可以供读者在观察和研究朝鲜半岛问题时作为参考。

三

2002年年底,同济大学成立亚太研究中心。因工作需要,我调入该中心,专职从事有关朝鲜半岛方面的研究,这给了我专业研究提供了新的舞台。之后,我作为访问学者赴韩国进行了一段时间的学术访问。我应邀在韩国几所著名大学和研究所做了学术报告,多次参加在韩国和我国各地举办的各类学术研讨会。我力求从一个中国学者的视角去观察和剖析朝鲜半岛近代的历史和现状,并对朝鲜半岛未来的发展趋势做些预判。我体会到对半岛局势了解、掌握得越通透,对未来局势发展的研判也就越准确。值得一提的是,2007年我与欧亚所同仁一起赴朝鲜进行了访问,实地考察朝鲜对我专业方面的研究很有帮助。

多年来,我写了几本专业书,发表了有关专业的论文和文章几百篇,并接受电视台和报刊等媒体上百次采访,在学术同行中有了一定的知名度。

我读书不多,刚读中学就遇到"文化大革命",紧接着上山下乡近10年,极大地耽误了学业。我学术底子薄,全靠自己努力,"笨鸟先飞",以勤补拙。我的英语基本上靠自学,不管怎样,我通过了国家人事部组织的专业技术人员英语A级考试,评上了高级职称。英语水平的提高,使我可以阅读和引用专业的英文文献,扩大了国际视野,并能从全球的角度客观地观察和分析问题。我的后半生能走上学术研究道路,我感到我尽力了,也知足了。我感谢上海社科院和欧亚所,感谢各位领导和同仁们。如今我已老矣,首要任务是保养好身体,不给社会和家人增添麻烦。

最后祝上海社科院和国际所越办越好!

崔志鹰:曾任上海社会科学院东欧中西亚研究所研究员。

我在欧亚所工作的十年

李秀石

在《北京人在纽约》《上海人在东京》两部电视连续剧所反映的时代潮流中,20世纪80年代,上海社会科学院历史研究所世界史研究室的大部分成员先后去了美国和日本。

1986年,上海社科院批准我以"自费公派"身份应邀到早稻田大学社会科学研究所深造,担任"外国特别研究员",其间,有义务用日语举办一次本专业的公开讲座。在早大校园独特的学术氛围中,我萌生了攻读博士学位的念头。早稻田大学大学院(研究生院)的办学宗旨是"培养研究者"。为期3年的硕士课程称为"博士前期课程"。从硕士生到博士生的考试录取率为1/4。"博士后期课程"需要3~6年。博士生学习3年就离校的先例不多。从第3年到第6年称为o-badokuta(博士课程延续),仍需定期发表研究报告接受研究指导。如导师认为某个o-badokuta有资格(在学术刊物上发表3篇论文等)撰写博士论文了,就可以在上述6年的基础上作为"研修生"继续在校3年接受导师指导,埋头撰写学位论文。由于早大承认南开大学的硕士学位,我可以跳过"博士前期课程"直接报考博士生。1988年的春天,我收到了大学院文学研究科日本史专业(近现代方向)"博士后期课程"的录取通知书,"自费公派"和"外国特别研究员"资格到此为止,不仅退还了社科院的工资,还失去了免费使用校内游泳池和健身中心设施的教师待遇。勤工俭学为博士学位而奋斗开始计时。

日本一流大学的文科博士授予率极低。不仅国立东京大学、京都大学,而且私立早大和庆应义塾大学也是如此。在早大,文史哲及艺术类学科只能获得"文学博士"。近现代专业的3位博导都没有博士学位,我所接触的社科所的教授们也没有,由此可见文学博士学位的门槛有多高。导师安在邦夫教授在我具备撰写博士论文的条件后提出建议:作为研修生在校3年提交学位论文。博导希望在他的学生中培养出一个文博学位获得者。另一方面,母亲大病后身体欠佳,国内亲属不断催促我回国。在博导认可了论文结构的基础上,我决定回国边工作边完成论文,于是在1995年春便登上了返回祖国的"鉴真号"。

去欧亚所工作是回沪后的第一选项。因为潘光所长是我10年前的领导——上海社会科学院历史研究所世界史研究室的主任,曾任副主任的俞新天也在社科院担任领导工作。所以,去欧亚所仿佛"回到原单位",心里感到踏实。然而,当时我既没评过职称也没有博士学位,仅有"博士后期课程修了"的学历证明。数年后我提交了40万字的博士论文(现存于日本国会图书馆、早大图书馆和学位委员会),又去早大参加了3位博导审查论文的口头答辩。终于在晋升研究员3年后的2005年,从早大校长白井克彦博士手中接过了文学博士学位证书。在1988年入学的同窗中,园部裕之已经获得了学位,我是第二个，学位授予率在本届 10 名博士生中高达 20%，中日平分秋色。

回顾在欧亚所工作的 10 年，头等大事莫过于在欧亚所党支部的教育和帮助下，我于 1999 年 9 月经袁淑君和崔宏伟同志介绍，加入中国共产党，实现了 10 多年来的夙愿。这是我走向人生新阶段的起点。党支部书记胡士君老师的指导帮助令我终生难忘。社科院通过多种形式深入开展政治思想工作，组织各研究所骨干前往井冈山和皖南等地开展学习中国共产党党史、重温中国人民革命史的教育活动。承蒙领导关怀，我参加了左学金副院长带队前往井冈山革命根据地学习的"井冈山之队"。这次活动对我具有重要的党史补课意义。在黄洋界上的那间小房子内，陈列着一幅红军战士的手绘漫画——粗糙泛黄的纸上画着一列火车，车头上插着一面党旗，上方写着"支部建在连上"。这张漫画进一步丰富了我对中国特色社会主义政治制度的认知。此后，每当我向日本客人讲解中国共产党与军队的关系，都要援引它来加以说明："党指挥枪"是中国人民解放军在建军初期确定的指导方针，绝不允许"枪指挥党"。

20 世纪 90 年代的中国，伴随着改革开放不断深化，越来越需要营造有利的外部环境。我们这些习惯于在国别史领域耕耘的研究者，面临发表研究成果平台少、社会需求相对降低的难题。在潘光所长的不断示范、提醒和督促下，我和所内同仁开始在当代国际问题研究领域"试水"。上海社科院出版的学术刊物，上海市发行的各种报纸杂志以及广播电视等大众传媒，为我们努力实现学术研究转型提供了广阔的空间。潘光所长非常重视所内共享国际国内学术信息的交流工作，及时分享院内各所特别是国内外研究的新动向,为所内科研工作不断注入新动力。记得黄仁伟副院长这样概括从事历史研究的学者向现状研究转型:历史是一门包括政治经济军事等领域的学科。史学研究者的工作是还原历史。在历史研究的基础上再延长几十年就是现状研究。这与在国际关系理论范畴内的研究相比,具备纵向研究基础深、综合性强的优势。

在社科院学以致用,努力为国家战略服务的号召下,欧亚所上下一心,边学习边实践,积极通过各种平面媒体和电视传媒等发表研究成果,分析评论国际关系中的新动向、新问题,在拓展研究领域的过程中不断丰满羽翼。与许多同仁一样,我从东方卫视诞生之前就接受电视媒体的采访,不仅在学术刊物上发表论文,还在《解放日报》《新民晚报》等报刊上发表整版或半个版面的文章,跻身于践行跨学科转型的群体。时至今日,仍然借助于电视传媒分享我的研究心得。特别是担任周边国家研究室主任期间的磨砺,对于开拓研究视野大有裨益,我从研究日本近现代史的"一亩三分地",扩大到研究当代日本政治、安全保障及中日关系领域,成为运用历史考证的研究方法、通过主要分析有法律约束力的一手资料研判日本政治与安全的研究者。

在欧亚所工作的10年间,改革开放全面深化,成果斐然,有如从"科学的春天"来到了"繁花似锦的盛夏"。国际学术交流活动蓬勃发展。长期以来,欧亚所与以色列驻沪总领事馆之间保持着友好的文化交流关系。许多从以色列、美国等国来访的犹太人,千里迢迢赶来观看欧亚所墙上挂着的第二次世界大战时犹太人在上海留下的照片。除美国客人外,来自日本朝野的学者明显增加,国际学术研讨会接二连三。与早稻田大学教授毛里和子、日本防卫省防卫研究所所长新贝正先、日本防卫大学校长五百旗头真等人探讨中国政治和中日之间的安全问题给我的印象尤为深刻。我还为俞新天等院领导做过日语口译,轻车熟路感觉良好。其中,我作为尹继佐院长一行的翻译出访日本,不仅完成任务还长了见识。

日本创价学会会长池田大作决定授予尹院长"创价大学名誉教授"的荣誉,于是邀请尹院长一行赴日出席创价大学举行的荣誉证书授予仪式并访问创价学会。此行使我进一步了解了创价大学师生对池田会长的热爱之情,看到了"宗教团体"创价学会的号召力和影响力,尤其是池田会长与周恩来总理之间的深厚友谊,加深了对创价学会支持下的日本联合执政党公明党的认识。数十名创价学会会员列队热烈欢迎、欢送尹院长的情形令人感动不已。

荣誉证书授予仪式在创价大学的大礼堂举行,估计至少有1000人参加。创价学会组织方非常重视尹院长的讲话。按其要求,我事先将讲话稿译成了日文。见面后又作进一步沟通,在中文稿和日文稿内分别标出了停顿、翻译的记号。如此细致入微的做法迄今未曾经历过,我一向自信只要精神高度集中,随机应变,跟着讲话者的进度翻译就不会出错。客随主便,我将日方的要求知会尹院长。当我紧接着尹院长的话音,按照日方"大声、清晰地读出日语"的要求,朗诵完日文稿的第一段时,场内突然爆发了潮水般的热烈掌声。说不清是感动还是兴奋,我"满怀激情"地分段朗诵完毕,没有一处错误或"卡壳"。全场掌声阵阵高潮迭起。另外,我还担任了双方会谈、宴请及参观等活动的翻译,受到日方充分肯定,但不记得是否被尹院长表扬过。后来,据潘光所长透露,尹院长在一次院内高层会议上提到了我:"池田大作说,李秀石讲的日语比日本人好……"不久,这段长见识的往事便淹没在异常繁忙的岁月中。10多年后,上海大学的马利中教授告诉我一件事,他曾经在创价大学的日语课上看到了我为尹院长做翻译的录像,老师说"要这样做翻译"。一句话勾起了陈年往事,不禁懊悔不已,早知道被录像,我应该穿一套更好看的套装!

欧亚所给我留下的最愉快的记忆,莫过于参加所工会组织的旅游活动。外出旅游采用"公私合资"模式,名曰所里出大头,个人出小头。我和崔宏伟分别与一名藏族小学生共骑一匹马在香格里拉的纳帕草原上奔驰;与好几位同仁上气不接下气地攀登玉龙冰川的顶峰;在冬季的三亚海边游泳冷得瑟瑟发抖;品尝当地米酒领略少数民族习俗……其乐无穷。大家通过这些活动增进了友谊,强化了凝聚力。潘光所长即使无暇参加也要来电祝愿大家尽情放飞。才高八斗的崔志鹰同志,每到一处都要赋诗一首,倍受大家欢迎。在他的带动下,有感于张家界的奇特景观,我也杜撰了两首打油诗,还把当日天气和经过的景点名称融入其中。记得一首五言诗是:"十里长廊秀,水绕四门流。雨过翠欲滴,人在画中游。"每说完一句,大家便高声应和,满堂欢声笑语。每当回忆起欧亚所同仁之间的友谊,我都会沉浸在温馨快乐的往事之中。

往事历历在目。由欧亚所、亚洲太平洋研究所和世界经济研究所组成的"国际片儿"也是反映上海社科院科研创新的平台之一,令人难忘。3个研究所的同仁常常一起会见外宾,参加国际学术交流活动。最开心的一幕莫过于踩爆气球的庆祝活动。大家争先恐后追上满地乱飘的气球再踏上一只脚,在噼噼啪啪的爆裂声中庆祝"国际片儿"三所携手共进新年新气象。我与亚太所的王少普副所长、高兰研究员、世界经济所的傅钧文研究员等从事日本研究的同仁,在"国际片儿"的平台上结成了横向学术交流合作纽带,获益匪浅。亚太所的周建明所长也对我提携有加,而我在忙乱中竟然忘记了周所长的嘱托……多年后才想起此事,愧疚不已。这是10年间最大的一桩憾事。

衷心感谢上海社科院和欧亚所对我工作的肯定和鼓励,给了我许多荣誉。有1996年和1998—2000年度上海社科院妇委会颁发的巾帼建功奖,1999—2001年度三八红旗手称誉。还有社科院1997—1998年度优秀科研成果一等奖,1998—1999年度和2002—2003年度上海市哲学社会科学优秀成果奖等。如果不是欧亚所当年接纳了我,如果没有上海社科院引导全院学者为国家战略和上海市发展积极提供智力支持,如果没有各级领导和同仁对我的培养帮助,就没有我此后在另一个"前沿地带"继续奋斗15年的坚实基础和工作业绩。

感恩欧亚所,感恩"国际片儿",感恩上海社科院!谨向在职和荣休的各位领导和同仁致以最诚挚的敬意!让我们共同见证国际所及上海社科院取得更加辉煌的成果!共同见证伟大祖国一年更比一年繁荣富强!

李秀石:曾任上海社会科学院东欧中西亚研究所研究员。

我是一个兵

许益萍

岁月蹉跎,时光荏苒。曾经,绿色的军装(当时曾着六五、八五式军装)是青春的色彩;彤红的领章、帽徽是青春的火焰,军旅生涯在我身上留下了深深的印记。铁打的营盘,流水的兵。1986年年初我转业来到上海社会科学院。虽然脱下了军装,但内心依然是个兵,在社科战线开始新的征程。

在上海社科院近30年间,自己曾转战多个部门。刚进社科院时,从事的工作内容,基本和自己在部队时从事的医学专业相似,工作起来相对驾轻就熟,但依然能遵循着部队养成的严谨、细致、热情的工作作风。2003年年初,因工作需要调至由世经所、欧亚所、亚太所、国际问题研究中心联合组成的世界经济与政治研究院资料室,并兼任欧亚所干部人事工作。2005年起,任世经政院办公室副主任和亚太所办公室主任。2012年任国关所党总支副书记。在这期间,自己所面对的工作才是一个大的跨越,才是真正的、新的挑战和考验。这一路走来,既有作为一个兵的坚持和努力,更有组织培养、领导关心和同志们的帮助。

曾记得,在招聘工作中,世经政院党总支副书记(原世经所办公室主任)曹秋华老师的言传身教；我的前任王秀文老师在办公室工作上的悉心传、帮、带；尤其是，在周建明所长的关心和支持下，参加了"人力资源管理"学习，使自己获得了从"员工招聘实务""培训组织与实施""绩效数据处理""薪酬福利测算""劳动合同管理"等知识的系统学习。业余学习虽艰辛，自己也算不负领导期望，顺利地取得了《人力资源管理员》的全国职业资格证书。这些历练都为以后的工作奠定了扎实的基础。

作为科研所的办公室，麻雀虽小，五脏(功能)俱全，事无巨细都围绕着以科研为中心，保障全所科研工作顺利进行。从一张复印纸、一份报销单到课题申报、职称评定、人事工作、总结报告、工作计划、各类国际国内会务等不胜枚举。但一个也不能少，一个也马虎不得。为此，办公室同事都是一岗多职。如出纳岗位的倪芳耀兼图书资料管理和固定资产管理；学术秘书周洁莉也多项任务在身。更多的时候，大家分工不分家，齐心协力来完成任务，日常工作就是如此。有时多项新增工作同时压过来，才是真正的考验。印象最深的是2010年，当时正逢筹备亚太所所庆，要招聘2名新进人员，人数虽少，但具体工作一点也不少。按照市里公开招聘的要求，仅筛选应聘人员材料就高达400余份，走网上招聘流程、组织面试、笔试、政审，严谨而烦琐。而编写事业单位岗位设置方案也是项重要工作，这关系到我们所今后的发展乃至个人的发展。这个方案实际上由多个部分组成，各个部分相互关联，故慎重、细致是工作的关键。所以，事前要尽力做到认真领会各级有关文件精神，事中认真核对基础资料，征求意见，编写尽力贴合实际。在所领导带领下，以及各研究室紧密配合和同事们共同努力下,如期地上报了方案。

这些年,办公室工作一方面得到了所领导的肯定;另一方面无论是周建明所长,还是刘鸣所长都给予了大力支持。如,学术秘书岗位人员时常缺位,所领导能及时地派员来办公室帮助工作。这期间,先后有黄崇峻、束必铨、吴其胜、崔荣伟等,他们的辛勤付出给了我们实实在在的帮助,办公室每位同仁都从心里感激。其中,束必铨为人谦和热情,工作认真细致。特别是他热心公益身体力行的事迹给大家留下深刻的印象。平时,小束他会主动地打电话关心病休在家的同事、积极参加院所各类活动。甚至,在来社科院应聘岗位面试的途中,还参加了无偿献血。当束必铨知道有个去大西北支教的机会,他毫不犹豫地踏上征程,于2006年2月26日奔赴支教点——大西北的甘肃省东乡县唐汪镇三合学校。甘肃农村的生活条件是很艰苦的,学校离乡里还有几十里山路,交通很不方便,没有新鲜蔬菜,只有土豆和白菜。而且,当地村民习惯是不吃猪肉的。教学条件差,连给学生印一张试卷都找不到工具。每天6节课,面对着就像没有学过英语一样的初中毕业班学生。这一切对于小束来讲是一个又一个的考验。但是,他不是一个人在"战斗"。所领导给予了高度的关注;办公室一方面和他保持密切的联系及时做好后勤保障,一方面将支教工作动态及时上传到所网页,还撰写了《亚太所新来的年轻人》文章在院网站上发表,让更多的人了解他的事迹,鼓舞和激励更多的同事……

尊重知识、尊重人才体现在工作的方方面面,也是凝聚人心的内核。其中,关心退休老同志是我们所凝聚力工程的又一个重要方面。虽然老同志退休离开了工作岗位,但是党组织、所领导依然把他们记挂在心上,视作宝贵的财富,将关心老同志工作作为重要的议事日程。办公室作为具体承办部门则是把组织的关心变为具体的行动,使老同志切实地感受到组织的温暖。每年定期组织老同志外出活动,或上海周边游览,或市内参观,形式多样。每次活动老同志们都兴致勃勃踊跃参加。有的老同志风趣地说,来所里参加活动就像过节一样。每逢过年前的聚会更是热烈而隆重,所领导齐齐参加为老同志们送上新年的祝福。同时,所里还特意组织了部分年轻人员参加。大家在一起共叙亚太所的昨天和今日。老同志们看到朝气蓬勃的年轻人所取得科研成果而感到欣慰;年轻人更感受到自己肩上的责任和使命。对退而不休依然为科研事业耕耘不辍的老同志给予更多的支持和帮助。如林其锬老先生,他作为"五缘文化"说的创建者,在"五缘文化"研究园地里辛勤耕耘二十余载硕果累累。当时虽然年事已高,但依然走在研究和推广的路上。有时,林老先生不方便来所里,我们都会及时地上门探望,力所能及地帮助老人解决一些具体问题。有意思的是,每次有事去他家时,老人谈起"五缘文化"滔滔不绝、如数家珍。我们作为聆听者,深深地被一位老科研工作者对科研工作用心用力的精神所打动。要说老人、"五缘文化"和亚太所的缘分,就像林老先生在《"五缘"文化说与亚太所同龄》(见《同一个梦想——我与社科院》)一文中所述,五缘文化说与亚太所一起,走过了18个年头的历程,作为一种文化论说,能够从亚太所始发,走向社会并被海内外广泛关注和接纳,当然是很幸运的……

关心职工、凝聚人心,不仅是亚太所更是社科院自上而下优良的工作作风。自己不但耳濡目染时有参与,更有切身的感受。2007年年底自己不幸罹患癌症,经手术切除、化疗,病情得到控制。周建明所长及所里同事第一时间到病房探望,带来党组织和同事们的慰问和关切;院办、院干部人事处、党群处、老干部办、行政处、院工会、院妇委等部门领导和同事们先后前来慰问;更令我感动的是,在周建明所长和院工会主席徐霖恩的陪同下,王荣华院长、洪民荣党委副书记、谢京辉副院长等院领导百忙之中先后上门慰问。院领导亲切的问候和乐观的鼓励至今犹在耳旁。领导和同事们亲切的关怀,这对大病中的我不啻是个极大的精神支持,更激发起自己战胜病魔的信心,盼望早日重返工作岗位。自己从患病、化疗到康复仅4个月后,就逐步开始正常工作。由于常年服药,药物反应常使自己周身不适。但是,我在工作上从不敢马虎,尽自己一切能力带领办公室协助所领导做好全所行政管理工作,全力保障科研工作的顺利进行,而所的科研竞争力的不断提升,也让我看到了自己工作的价值。

2012年是个不平常的年份。按照上级部署,欧亚所、亚太所和国际问题研究中心进行合并整合,成立"国际关系研究所"。这关系到"两所一中心"(欧亚所、亚太所和国际问题研究中心)的方方面面。新的领导班子、新的研究室构建、新的岗位定位乃至新的办公场所的整修与分配等。当然,更重要的是人员思想上的融合。在这里只是寥寥几句话,可实际工作真的是千头万绪。在主持工作的常务副所长刘鸣、总支书记吴雪明及办公室主任姚勤等新班子的带领和国关所全体同志共同努力下,新机构按照上级的要求从整合到融合，这是个很大的变化过程，但不变的是大家对科研、学习、工作积极热忱的态度。常务副所长刘鸣身先士卒，作为"双肩挑"的一把手，坚持科研和新建所的各项工作一样都松不得！那段时间里，下班后、休息日都能在所里看到他的身影……再如，国关所办公室主任姚勤，为督促新办公场地整修等工作，不仅平时加班加点，而且整个暑假期间也在上班。这样的例子还真不少，形式不同目标一个，共同为新建所而努力！在这个变化过程中，自己也应工作需要担任国关所党总支副书记。因此，从亚太所原办公室主任的角度，要做好"两所一中心"合并整合的各项准备和移交工作。如，人事、机构方面：各类名目繁多的工资工作、整理完善亚太所20项制度、配合做好亚太所所长任期审计工作、整理亚太所各类档案材料、代做中国学所人员的工资等工作；清产核资方面：固定资产进行全面清理，做到账物相符、账账相符，工作具体而细致。总之，一个目标为合并整合夯实基础。从新岗位国关所党总支副书记角度，协助总支书记做好新建所的党务工作，做好分工的工作内容。除了总支工作台账、党费收缴等日常事务，更侧重离退休职工管理和"两所一中心"合并整合后的入党积极分子的思想工作，积极协助年轻的党员群众办理居住证，解决夫妻分居转户、入户手续以解后顾之忧。推动新建所的融合更是总支的中心工作，自己既是党总支成员更是一名普通职工，积极地投入这项工作之中。当年正是党的十八大召开之年。"两所一中心"合并整合工作为用实际行动迎接十八大召开、学习十八大精神、创先争优活动，提供了具体的实践载体。党政领导班子用学习班、务虚会等各种学习活动,不断增进全所人员对新建所体制机制的共识,推动全所人员思想融合。创先争优活动更体现在机构组织的构建过程中。从办公室主任、各研究室主任的竞聘上岗到科研人员的双向选择,从个人填表的意愿表达到民主评议,都反映出体制机制的创新。支持并积极参与工会、妇委组织开展丰富多彩的群众活动:走出院所远赴各地的国情调研、近在本地的参观学习、慰问离退休职工等。这些工作和活动给自己留下了很深的记忆,有些场景至今还历历在目。这些工作和活动的开展对于凝聚人心、融洽关系、增进融合发挥了积极的作用。那时,还有一件有意义的事,就是我承担了《上海社会科学院退休专家名录》国关所高级职称退休人员名录的撰写。虽然,撰写工作时间紧、任务重、要求高、程序严,甚至还需调阅每个撰写对象的个人档案进行资料核对。但却是一次了解、学习这些老科研工作者的极好机会。在资料收集和名录的撰写中,国关所16名高级职称退休的科研工作者学术研究经历和成果一一展现在自己的眼前,更让我感受到名录撰写任务的意义。诚如当时的院党委潘世伟书记,在《上海社会科学院退休专家名录》一书序言中指出:"……我们出版《上海社会科学院退休专家名录》一书,目的是用他们个人深厚扎实的理论功底、严谨诚实的治学态度、奖掖后进甘为人梯的奉献精神,为广大科研工作者树立榜样,激励年轻的科研工作者奋起直追,薪火相传……"所有这些工作既是自己角色的转换和过渡,也蕴含在"两所一中心"合并整合,到国关所的过渡和逐步融合之中。

时光总在不经意间,悄悄地流逝。弹指间,自己已退休几年了;而国关所也已更名为"国际问题研究所"。回首在世经政院、欧亚所、亚太所、国关所工作的这些年,自己有幸见证了所机构的发展和壮大;有幸在这个温暖的大家庭里、在领导和同志们的关心帮助下,从一个社科新兵,成长为一名基层管理干部,但依然是个兵;有幸能为社科工作贡献出一份微薄的力量……我感到由衷地欣慰!借此机会向曾经并肩奋斗的同事们,以及继续为社科努力工作的同仁们表示深深的敬意!

许益萍:曾任上海社会科学院亚洲太平洋研究所办公室主任。

附录

附录一　上海社会科学院国际问题研究所大事记

（1981年4月—2021年3月）

1981年

4月

27日　上海市编制委员会同意上海社会科学院（简称上海社科院）和华东师范大学联合成立上海苏联东欧研究所。

6月

6日　施平担任苏联东欧研究所所长。

1985年

1月

11日　根据《关于改变苏联东欧研究所的领导体制问题的请示》，上海社会科学院与华东师范大学合办的苏联东欧研究所分为两个所，上海社会科学院单独办一个苏联东欧研究所。

5月

是月　上海国际问题研究中心由上海市前市长汪道涵创建，是上海市人民政府领导的综合性国际问题研究和咨询机构。

1986 年

8 月

是月　经中共上海市委批复同意,上海国际问题研究中心的机构级别定为相当于局级。

10 月

是月　根据上海国际问题研究中心的功能定位,组建了由有关政府部门、科研机构、高等院校以及国际金融、国际贸易等相关机构的负责同志和资深专家组成的干事会和专家委员会等机构,邀请汪道涵、宦乡担任名誉总干事,于光远、浦山等 23 人担任顾问,寿进文、巢峰、张志超、王沪宁等担任专家委员。

1987 年

5 月

27 日　重新组建的上海社会科学院苏联东欧研究所成立,从华东师范大学撤回属于上海社会科学院编制的人员,并把分散在上海社会科学院各研究所从事苏联东欧问题研究的人员充实到苏联东欧研究所。王志平任所长,季谟任副所长。

1988 年

6 月

是月　上海社会科学院《关于建立亚太地区研究所等四个研究所的报告》正式上报上海市编制委员会。报告提出拟新建包括亚洲太平洋地区研究所在内的 4 个研究所,随后成立了以金行仁为组长,周建明、姚为群为副组长的筹备组。

9 月

是月　经上海市政府研究决定,上海国际问题研究中心及其办公室划归上海社会科学院管理。

是年　上海犹太研究中心成立,由汪道涵和爱泼斯坦担任永远荣誉顾问。中心成为中国最有影响力的研究犹太人及以色列问题的研究机构。

1989 年

9 月

20 日　围绕亚洲"四小"与日本大企业的现状与发展趋势、亚洲"四小"及日本大企业的特点等问题,亚洲太平洋研究所在 1989 年 9 月 20 日召开研讨会,上海市政府研究室、上海经济研究中心、上海市对外经济贸易委员会、上海工业技术基金会、上海财经大学、中日经济协会及香港贸易发展局的代表约 30 人参加会议。

1990 年

5 月

23 日　围绕北南朝鲜会谈、北南朝鲜统一方案及朝鲜半岛局势前景等问题,亚洲太平洋研究所举行"朝鲜北南关系"讨论会。

11 月

19 日　经上海市人民政府编制委员会批准,上海社会科学院亚洲太平洋研究所(简称亚太所)正式成立。上海社会科学院任命王曰庠担任亚太所所长,任命周建明、姚为群担任副所长。
12 月

27 日　亚太所和上海港澳台经济研究会(筹)联合召开"澳门在中国改革开放中的地位及作用"讨论会。亚洲太平洋研究所、法学研究所、宗教研究所和上海国际问题研究中心、上海工业发展基金会、上海市外经贸委员会、上海财经大学、上海外国语学院等单位的专家、学者 20 余人,就上海如何进一步加强对澳门经济、社会的研究,如何加强上海与澳门经济合作等问题进行了讨论。

1991 年

1 月

12 日　亚太所举行成立大会。院领导严谨、姚锡棠出席成立大会并讲话,会上宣读了亚太所领导班子人员的组成名单。

4 月

5—6 日 上海社会科学院亚太所台湾研究中心主办"终止'戡乱时期'以后的台湾和两岸关系"研讨会,国内学者 30 余人参会。对台湾地区当局终止"戡乱时期"的原因与影响、台湾地区当局最近通过的"国家统一纲领"、两岸关系的发展以及今后对台工作的对策问题进行探讨。

17 日　中共上海社科院委员会批复,同意建立亚洲太平洋研究所党支部(直属支部),并同意王曰庠任支部书记。

18 日　《亚太研究》正式创刊(内部刊物,后改名为《亚太论坛》)。

18—20日　亚太所和上海港澳台经济研究会(筹)、华亭(集团)联营公司新苑宾馆联合主办"经济特区和经济技术开发区建设中的港澳台资金研讨会"。

8月

25日　经上海市新闻出版局批准,《苏联东欧观察》(双月刊,内部刊物)出版。

9月

25日　谈春兰调任亚太所任副所长,同时免去姚为群副所长职务。

1992年

1月

20—22日　亚太所与上海国际问题研究所联合主办"新形势下的亚太经济合作国际研讨会"。来自韩国、美国、日本、澳大利亚、新西兰等国的专家学者就新形势下的亚太经济合作进行讨论。

3月

11日　俞新天同志担任亚太所所长,免去其上海社科院历史研究所世界史研究中心副主任职务;免去王曰庠同志兼任的亚太所所长职务。

28日　中共上海社科院委员会批复,同意谈春兰任亚太所党支部书记。

5月

3日　经上海市编制委员会批准,上海社会科学院苏联东欧研究所正式更名为东欧中西亚研究所（简称欧亚所），王志平任所长，季谟、朱崇儒和胡士君任副所长。

9日　亚太所主办"国际新形势下的亚太政治经济格局与我国的对策研讨会"，国内学者40余人参会。

9月

30日　前苏共中央委员和最高苏维埃委员、著名历史学家罗伊·梅德韦杰夫访问上海社科院，就"苏联演变的原因和历史教训"这一主题同欧亚所和情报所的科研人员进行座谈。

10月

30日　上海社科院世界经济研究所、亚洲太平洋研究所、东欧中西亚研究所联合举办"邓小平国际战略思想研讨会"，院内外30余位专家、学者参加会议。

11月

24日　上海社科院将历史研究所世界历史研究中心与东欧中西亚研究所合并，保留东欧中西亚研究所所名，潘光任所长，胡士君任副所长兼任所党支部书记。

1993年

1月

是月　因国际学术交流的需要，经院部同意，东欧中西亚研究所英文名称为：Institute of Eurasian Studies。

4月

28日　东欧中西亚研究所所办刊物《苏联东欧观察》改名为《欧亚观察》。

是月　欧亚所所长潘光研究员出席了在以色列举行的第十一届世界犹太学大会,这是中国学者第一次参加世界犹太学研究最高等级的学术会议。

5月

21日　欧亚所和上海三希技术发展公司联合举办"中亚问题研讨会",上海社科院及上海国际问题研究所、国际战略问题研究会、市民委、外语学院、解放军驻沪单位的专家、学者40余人参加会议。

25日　欧亚所成立上海第一个"中亚研究中心",并举行"中亚问题学术研讨会"。

8月

是月　汪道涵为《欧亚观察》刊名提名,并被聘请为顾问。潘光任编委会主任,胡士君、朱雷、苏良科为副主任。

9月

20日　上海社科院和平与发展研究所、欧亚所举行"中东时局研讨会",20余名上海研究中东问题的专家、学者参加会议。会议主要讨论了巴以自治协议签署的背景、巴以自治协议实施的前景,以及面临巴以和解、巴以自治协议这一崭新形势,我国应如何采取的对策、把握机遇等问题。

10月

14日　以色列总理拉宾在潘光陪同下参观上海犹太研究中心举办的图片展。

12月

30日　中共上海社科院委员会批复,同意俞新天任亚太所党支部书记。

1994 年

4 月

是月　上海市外办、上海市友协、虹口区政府和上海社科院上海犹太研究中心联合主办"犹太人在上海"国际研讨会。到会中外学者 120 余名,收到论文 20 余篇。外交部和市政府领导出席会议。来自美国、以色列、奥地利、英国、法国和中国香港等地的数十名当年的上海犹太人,以及各国犹太学者、友人来沪参加会议,并参观了上海犹太人遗址,以及参加了上海虹口区霍山公园内举行的原犹太难民社区纪念碑的揭幕仪式。

5 月

是月　上海社科院亚太所与日本劳动研究机构在上海联合举办"劳动力市场化国际化与社会经济影响"国际学术讨论会,中日专家、学者 70 余人出席会议。会议主要讨论了日本劳动政策的新趋势;对外直接投资对劳动力市场国际化的影响;发育和发展我国劳动力市场的对策等问题。

8 月

30 日　周建明担任亚太所所长;王少普担任亚太所副所长。俞新天不再担任亚太所所长职务。

9 月

21 日　中共上海社科院委员会批复,同意王少普任亚太所党支部书记。

1995 年

5 月

是月　上海社科院党委调整了上海国际问题研究中心领导班子,由潘光担任秘书长,黄仁伟、李轶海担任副秘书长。上海国际问题研究中心理事会主席由汪道涵担任,副主席由张仲礼、陈启懋担任。

12 月

20—24 日　由以色列驻沪总领事馆、上海犹太研究中心主办的"今日以色列"摄影展在朱屺瞻艺术馆举行。以色列驻沪总领事摩西拉姆,市人大常委会副主任胡正昌,市对外友协主任赵云俊及上海社会科学院院长、犹太研究中心名誉主任张仲礼出席开幕式。开幕式由犹太研究中心主任潘光主持。

1996 年

1 月

12 日　上海社科院上海国际问题研究中心举行"当前非洲形势与中非关系"学术讨论会,上海市一些研究非洲问题的专家参加会议。会议主要讨论了非洲在当代世界政治经济格局中处于非常特殊的位置,当前非洲政治经济形势特点,我国对非洲政策的建议等问题。

3 月

19—22 日　亚太所主办"朝鲜半岛局势、热点问题及中国的对策"研讨会,国内学者 30 余人参会。

是月　欧亚所与《解放日报》社、上海国际问题研究中心、上海国际关系学会、上海东欧中亚学会联合举办"俄罗斯政治、经济形势和中俄关系"学术讨论会,来自上海高校和科研机构的国际问题和俄罗斯问题研究的专家、学者50人出席会议。

4月

21日　韩国远东问题研究所所长康仁德、朝鲜社会科学院院长朴完信应邀访问亚太所,并就韩国问题的研究进行学术交流。

12月

1—2日　上海社科院上海国际问题研究中心、和平与发展研究所与上海国际关系学会、上海国际问题研究所、《解放日报》社联合主办"1996年的国际形势研讨会"。

1997年

4月

8—9日　亚太所主办"朝鲜半岛问题讨论会",国内学者30余人参会,就朝鲜半岛问题进行讨论。

6月

是月　欧亚所与上海国际问题研究中心联合召开"第三届中亚问题学术讨论会",北京、上海、南京等地的30多位专家、学者参加会议。会议主要讨论中亚的政治经济状况、民族宗教问题、地区关系与安全等。

8月

14—15日　受中国南亚学会委托,上海国际问题研究中心南亚研究中心和复旦大学美国研究中心联合筹办"中国与南亚经贸关系研讨会"。北京、成都、广州、深圳和上海等地的代表50人出席。会议主要讨论南亚外部环境的变化,各国政局动荡是南亚面临的首要威胁,中国与南亚经贸关系机遇与挑战并存,中国的南亚政策选择等问题。

10月

是月 随同国家主席江泽民来沪的曾庆红、王沪宁专门提及中央领导很重视上海国际问题研究中心《国际问题专报》提供的情况和政策建议,指示一定要办好专报。

1998年

2月

是月 潘光、余建华、王健合著的《犹太民族复兴之路》由上海社会科学院出版社出版。

是月 上海社科院上海国际问题研究中心举办"面向21世纪的中美关系"学术研讨会,聚集了中美两国智库学者,为美国总统克林顿访华和中美元首会晤提供了必要准备。

3月

20日 在第二届亚欧首脑会议即将召开之际,欧亚所举行"面向21世纪的亚欧关系研讨会",与会者就亚欧关系的历史演变、亚欧关系迅速发展的因素及中国面临的机遇和挑战等问题进行了深入讨论。

7月

1日 欧亚所所长潘光陪同美国总统夫人希拉里、女儿切尔西、国务卿奥尔布赖特等人去犹太会堂旧址参观"犹太人在上海"图片展。

9月

是月 时任以色列基建部长沙龙在潘光陪同下参观上海犹太研究中心举办的图片展。

1999年

11月

是月 德国总理施罗德在潘光陪同下参观上海犹太研究中心举办的图片展。

2000年

1月

是月 潘光、余建华等合著的《犹太文明》由中国社会科学出版社出版。

6月

是月 经上海市人民政府批准,上海社会科学院APEC研究中心正式成立,该中心为我国建立的第三个APEC研究中心。APEC研究中心设在亚太所。

11月

是月 余建华担任欧亚所副所长,兼任所党支部书记。

12月

17日 欧亚所与上海世界史学会联合主办"亚欧关系与中欧合作"学术研讨会,与会专家学者就亚欧关系的演变、亚欧会议的作用、欧洲一体化对亚欧关系的影响、中欧关系发展前景等问题进行了深入研讨,并就中国的应对策略提出建议。

是月　东欧中西亚研究所成立"上海五国"研究中心。

2001 年

4月

3日　上海国际问题研究中心组织召开"'上海五国'机制发展前景"学术研讨会,与会专家学者就"上海五国"机制的形成,"上海五国"元首会晤的主要议题及对中国的战略意义等问题进行了研讨。

5月

是月　潘光当选为2001年上海市劳动模范。

6月

13日　欧亚所和以色列特拉维夫大学联合举办"中东和平进程和中以关系"学术讨论会,会议由欧亚研究所所长潘光主持。应邀来访的特拉维夫大学校长、以色列前驻美大使伊·拉宾诺维奇教授在会上作主题发言。会议主要讨论了中东地区的国际和地区政治概况、阿以冲突、中东政治中的伊斯兰、中以关系等问题。

15日　上海合作组织正式成立后,"上海五国"研究中心更名为上海社会科学院上海合作组织研究中心,属欧亚所,被公认为全球第一家上合组织研究中心。

是月　上海社科院批准成立国际战略研究中心,挂靠在亚太所,由亚太所所长周建明担任中心主任,世界经济所副所长黄仁伟担任副主任。

8月

是月　潘光、王健合著的《一个半世纪以来的上海犹太人——犹太民族史上的东方一页》由社会科学文献出版社出版。

12月

21日　上海国际问题研究中心、文汇报国际部和上海社会科学院上海合作组织研究中心联合举办"9·11"事件与上海合作组织学术研讨会，与会专家学者就美国下一步的行动及中亚局势、上海合作组织的前景、对上海合作组织发展的建议等问题展开了讨论。

2002年

2月

是月　亚太所获2001年度上海市科技统计先进集体二等奖，欧亚所获三等奖。

6月

12日　国际片3个研究所联合举办"中日关系与东亚合作——纪念中日建交三十周年学术研讨会"，与会中日学者就中日关系、东亚多边合作等问题进行深入研讨。

11月

20日　上海国际问题研究中心与复旦大学美国研究中心和上海国际关系学会南亚专业委员会共同举办"21世纪中印崛起比较"研讨会，专家学者就21世纪中国与印度国力发展展望与比较、中印崛起中各自的有利条件和制约因素、中国应如何正确看待印度发展与崛起等问题进行深入探讨。

2003 年

1 月

是月　根据上海社科院体制改革试点的计划,世界经济研究所、东欧中西亚研究所和亚洲太平洋研究所3个研究所合而为一,组建世界经济与政治研究院。世界经济研究所所长张幼文兼任院长,世界经济研究所副所长黄仁伟兼任院党总支书记、副院长,东欧中西亚研究所所长潘光和亚洲太平洋研究所所长周建明兼任副院长。至2006年8月,世界经济与政治研究院经研究决定,撤销研究所的整合方案。

3 月

25—26日　由上海社会科学院日本研究中心、亚太研究所和上海市对外文化交流协会共同举办的"未来十年中日关系"学术研讨会在上海社科院举行。中日双方20余位专家学者就中日关系的发展趋势及相关问题进行了研讨。《解放日报》《文汇报》《新民晚报》及东方电视台对会议进行了报道。

4 月

11日　欧亚所举行"伊拉克战争及其影响"研讨会,与会人员就伊拉克战争的特点、战后伊拉克重建、战争对中东格局、巴以和平进程及世界格局的影响等议题进行了广泛而深入的讨论。

9 月

是月　德国总统约翰内斯·劳在潘光陪同下参观上海犹太研究中心举办的图片展。

12月

13日 犹太研究中心主任潘光、上海研究中心副主任花建、同济大学教授阮仪三等出席了虹口区政府举办的"提篮桥地区保护性开发专题研讨会",并就犹太文化保护、文化产业建设、历史遗产开发等方面问题作了发言。会上,上海社科院犹太特色学科(犹太研究中心)与中共虹口区委宣传部签署了合作开发提篮桥地区犹太历史风貌区的协议书。

2004年

4月

23日 俄罗斯科学院欧洲研究所诺索夫副所长访问欧亚所,与欧亚所科研人员就"俄罗斯大选后的俄美关系/俄欧关系"等问题进行了交流。

5月

13日 美国前外交部国家问题专家Stephen F. Dachi访问欧亚所,与欧亚所科研人员就中东反恐、亚太安全、南亚问题等进行交流。

25日 韩国国际交流财团访华代表团Kim Hyeh-won来访,与亚太所科研人员就上海社科院对韩国的研究和今后交流合作的可能等问题进行交流。

是月 潘光研究员获圣彼得堡300周年荣誉勋章。

6月

10日 美国蒙特雷国际问题研究所东亚研究中心Tsuneo Akaha项目主任来访,在欧亚研究所就"俄罗斯与东北亚地区的非传统安全问题"作演讲。

是日　韩国国家安全保障会议代表团来访,与亚太所科研人员就和平繁荣与国家安保问题进行交流。

是月　以色列总理奥尔默特在潘光陪同下参观上海犹太研究中心举办的图片展。

7月

5日　应上海国际问题研究中心南亚研究中心和社会学研究所的邀请,印度著名社会学家、尼赫鲁大学教授、国际社会学学会前主席奥门教授来院并做题为《国家、市民社会与市场》的报告。

10月

12日　上海社科院聘吴建民为上海社科院世界经济与政治研究院名誉院长。

15日　亚太所主办"朝鲜核问题与中国的对策研讨会国际研讨会",与川胜千可子为代表的日本防卫厅研究所三人代表团进行交流,这是根据双方的长期交流协定而进行的每两年一次的互访交流。

是月　应上海犹太研究中心邀请,以色列特拉维夫大学东亚事务专家、前东亚系主任谢艾伦教授来院就中以关系问题作演讲。

2005年

4月

4日　亚太所与北京航空航天大学战略研究中心合作举行小型研讨会,会议邀请国防大学战略研究所、国防大学危机管理中心、军事科学院台湾研究中心的专家,着重讨论《反分裂国家法》制定以来的台海形势和日本对外政策的转变给亚太地区所带来的影响。

11月

11日　上海市人民政府新闻办公室与上海市人民政府外事办公室、上海市虹口区人民政府、上海社会科学院上海犹太研究中心联合举办纪念反法西斯战争胜利60周年——"犹太难民在上海"国际学术研讨会。上海社科院前院长、上海犹太研究中心名誉主任张仲礼,院党委副书记、上海犹太研究中心名誉主任童世骏主持会议,欧亚研究所所长、上海犹太研究中心主任潘光在大会作了专题发言,美国前财政部长、当年上海犹太难民麦可·布卢门撒尔作了题为《上海避难地:回顾过去和展望未来》的主题讲演,70余位来自美国、以色列、德国、澳大利亚等国家的前犹太难民、学者和中方代表、学者出席了会议。

12月

10—11日　上海国际问题研究中心举办成立20周年纪念学术研讨会,参会嘉宾对国际体系转型趋势和中国和平发展进程进行了深入研讨,提出了重要的战略思考和相关建议。

19日　公安部反恐办在北京公安部举行软科学家聘书颁发仪式,上海社会科学院上海合作组织研究中心主任、欧亚研究所所长潘光研究员被聘为公安部反恐局软科学专家。

2006年

1月

6日　欧亚所所长、上海合作组织研究中心主任潘光研究员被公安部聘为软科学专家,承担反恐和上海合作组织等方面的顾问、决策咨询、研究工作。

23日 欧亚所所长潘光研究员被联合国秘书长提名担任"文明对话联盟高级委员会"成员,该委员会由20名政界、学术界、文化界名人组成,东亚地区仅潘光一人。

4月

24日 虹口区人民政府、上海犹太研究中心、上海国际友人研究会、上海国际友好联络会、上海市世界史学会联合主办"犹太难民重返上海联谊活动",来自世界各地的112名犹太难民和他们的后代重返上海。

6月

13日 以色列首席塞法迪大拉比Shlomo Amar访问上海犹太研究中心。

9月

4—16日 欧亚所所长潘光应美国联合国文明联盟名人小组秘书处邀请,前往美国参加"文明联盟"名人小组会议。

10月

18日 上海社科院亚太所朝鲜半岛研究中心与福特基金会、上海国际文化交流协会联合举办"朝鲜核问题与中美韩关系"学术研讨会,与会代表围绕朝鲜核试验给东亚局势带来的新情况、新问题进行了交流。

是月 由上海犹太研究中心策划、编撰的"上海:大屠杀受害者的避难地——犹太难民在上海"主题图片展在奥地利首都维也纳和波兰首都华沙隆重开展。主题展由上海市政府新闻办和上海市对外友协主办，上海犹太研究中心协办。

11月

28日 亚太所主办"东亚多边合作与中日关系国际研讨会"，与会代表针对当前中日关系逐渐改善的新形势，就"中日关系与东亚多边安全合作""东亚多边安全合作与地区热点问题如日美安保同盟的调整、朝鲜半岛核问题、中国台湾问题"等议题进行探讨。

12月

1日 印度国防研究分析代表团来访，与院内从事国际问题研究的专家学者进行座谈。副院长黄仁伟研究员、亚太所所长周建明研究员、刘鸣研究员、蔡鹏鸿研究员以及南亚问题研究专家王德华研究员等学者参加接待。双方主要围绕中印关系、地区安全，以及中国外交战略等问题进行坦率、友好的交流。

2007年

1月

12日 联合国前秘书长安南致信欧亚所所长潘光研究员，感谢其在联合国文明联盟名人小组内做出杰出工作。

是月 欧亚所所长潘光研究员出任新一届的亚洲研究学者基金会理事。

3月

16日 上海社科院与美国乔治·华盛顿大学埃利奥特国际事务学院联合举办"中美专家看世界"学术论坛会，会议由欧亚研究所所长潘光和院外事处处长李轶海主持。亚太所刘鸣,欧亚所傅勇、胡键、王健、李立凡,发展中国家研究中心张家哲,上海国际问题研究所南亚室赵干诚与会,与外方5名专家就南亚、中亚、非洲、拉美和全球治理6个议题交换意见。

21日 欧盟驻华大使、法国犹太裔资深外交官赛日·安博(Serge Abou)访问上海犹太研究中心。

24日 联合国前副秘书长、现任秘书长特别顾问伊克巴尔·瑞扎专程拜访潘光研究员,对他在联合国文明联盟名人小组内做出杰出工作表示感谢,并与他商讨新任秘书长潘基文关于文明联盟下一步工作的设想。

4月

1日 刘鸣任亚太所副所长,免去王少普副所长职务。

17日 乌克兰驻沪总领事安娜·卡尔玛多诺娃来访,与欧亚所和上海合作组织研究中心的研究人员就当前乌克兰政治危机、各派政治力量关系、乌克兰与北约关系、乌克兰与俄罗斯关系等问题进行交流。黄仁伟副院长在座谈会前会见了卡尔玛多诺娃总领事。

5月

24日 新西兰总理海伦·克拉克会见在新西兰奥克兰市参加"文明联盟"高层研讨会的欧亚所所长、联合国"文明联盟"名人小组潘光研究员,研讨会由新西兰政府和挪威政府联合主办,讨论如何在亚太地区落实"文明联盟"的相关精神,进一步促进文明对话,构建和谐地区。

8月

25—26日　由中国中东学会、上海市世界史学会和欧亚所、上海国际问题研究中心联合举办的"文明对话与中东发展"学术研讨会召开。此次会议也是上海国际关系学会成立50周年庆典系列活动之一。来自外交部、中国社会科学院、中国现代国际关系研究院、上海国际问题研究所、上海外国语大学、上海国际关系学会和欧亚所、上海国际问题研究中心等全国7个省市20多家单位近60名专家学者参加了此次会议。会议开幕式由欧亚研究所所长潘光主持。

9月

7—9日　潘光应邀参加在瑞士日内瓦举行的第五届"全球战略论坛",并以《中国与中亚的能源安全》为题作了讲演。"全球战略论坛"由设在伦敦的国际战略研究所(IISS)主办,每年举行一次。来自世界各地的一流专家学者和高层官员在会上作讲演,包括北约秘书长夏侯雅伯、世界贸易组织总干事拉米、哈佛大学教授约瑟夫·奈等。

18—20日　由上海社科院上海合作组织研究中心、上海国际问题研究中心、上海市对外文化交流协会、中国外交部所属中国国际问题研究基金会联合主办的"第八届中亚和上海合作组织国际学术研讨会"在上海举行。来自中国、俄罗斯、中亚国家、美国、欧盟、日本等国的专家学者和上海合作组织秘书处的资深官员近60人参加会议。与会者围绕中亚的安全形势和经济发展,俄罗斯、美国、中国、欧盟、日本与中亚的关系,上合组织在中亚的作用等议题进行讨论。

是月　余建华副所长主持欧亚所工作。

11月

27日　上海社科院俄罗斯研究中心和欧亚所联合举办"后普京时代的俄罗斯"研讨会。应邀出席研讨会的有来自中国社会科学院俄罗斯东欧中亚研究所、中国现代国际关系研究院、中国国际问题研究所、新华社国际问题研究中心,以及来自上海国际问题研究所、复旦大学、华东师范大学、上海财经大学共30多名俄罗斯问题研究专家学者。

12月

是月　在上海市反恐理论研讨会上,欧亚所潘光、王震合作完成的论文《当前国际恐怖活动发展的新态势及我们的对策》荣获一等奖。市委、市政府有关领导吴志明、陈旭、范希平、吴延安等到会讲话并为获奖人员颁发获奖证书。

2008年

6月

2日　美国亚洲协会执行副主席,美国民主党总统候选人奥巴马的外交政策顾问班子成员杰米耶·梅兹尔(Jamie Metzl,犹太裔)访问了上海犹太研究中心。

7月

3—5日　欧亚所李立凡副研究员应巴黎政治学院邀请出席在法国举行的"帝国与民族"国际研讨会,并在会上就改革开放30年来民族主义在中国发展发表主题演讲。

12日　由上海社会科学院欧亚所、上海国际问题研究中心、同济大学国际政治研究所、上海世界史学会联合主办的"亚欧会议进程与中国"学术研讨会在东湖宾馆召开。来自京沪两地的有关部门领导和专家学者们围绕亚欧会议进程的成就、不足和发展前景，亚欧会议进程与中国的作用，关于中国主办2008年亚欧首脑会会议的思考等议题进行了讨论。

9月

2日　美国驻上海总领事馆领事陶坚、领事莫雷和政治经济处官员杜可文访问了上海合作组织研究中心，与潘光主任就上海合作组织杜尚别峰会，俄罗斯—格鲁吉亚冲突等问题交换了看法。

9日　应欧亚所、上海国际关系学会、上海欧洲学会以及上海国际问题研究中心邀请，中国政府亚欧会议高官王学贤大使与中国社科院欧洲研究所所长周弘研究员到我院访问，并就"亚欧会议进程与中国""欧洲一体化与中欧关系"发表学术演讲。

11月

25日　法国中亚研究所所长 Marlene Laruelle 研究员和 Sebastien Peyrouse 研究员访问上海合作组织研究中心和欧亚研究所，与学者就中亚的社会问题及上海合作组织的深层次发展研究交换了意见。

2009年

3月

27日　世界犹太人大会副总干事、副主席马拉姆·斯特恩(Maram Stern)博士访问欧亚所与犹太中心，欧亚所所长、犹太中心副主任余建华与犹太中心副主任周国建、虞卫东以及中心科研人员一起围绕中东国际形势和中以关系进行了会谈。

是日 俄罗斯莫斯科国际关系学院东亚与上海合作组织研究中心主任亚·卢金访问俄罗斯研究中心，与中方学者进行了学术座谈。

是月 余建华任欧亚所所长。

4月

是月 潘光研究员应巴西外交部邀请参加了在巴西里约热内卢举行的以"了解中国"为主题的国际研讨会，并以《中国的反恐战略和海外能源发展战略》为题作了大会讲演。

是月 刘鸣副所长主持亚太所工作。

5月

20日 院上海国际问题研究中心、上海犹太研究中心和上海城市公共安全研究中心联合举办"反恐合作与世博安全"研讨会。国际著名反恐问题专家、以色列国防部顾问、以色列反恐国际研究所高级研究员伊利·卡蒙作了主题演讲，与会专家学者和官员围绕主题进行深入研讨，并提出一系列对策建议。

6月

15日 由上海社科院亚太所和上海市对外文化交流协会联合主办，韩国国际交流财团协办的"大国关系与东亚热点问题"国际研讨会在我院召开，来自美国凯托研究所副总裁卡彭特、美国国防部军队转型办公室前战略助理巴尼特、美国海军战争学院中国海事研究所艾立信、韩国外交安保研究院金兴奎、日本PHP研究所前田宏子以及中国社科院美国所陶文钊、魏红霞、中国国际问题研究所的刘学成，复旦大学美国研究中心潘锐、汪伟民，同济大学国际关系学院夏立平等专家学者，围绕近期东亚地区的安全形势、美国奥巴马政府的对华政策、中日关系、朝核问题以及东亚区域一体化等议题进行了讨论。

26日　美国驻上海总领事馆政经处处长毕一德(Christopher Beede)和随行官员克明(Chucj Krause)访问了上海社科院上海合作组织研究中心，就近期在俄罗斯叶卡捷琳堡举行的上海合作组织峰会的相关问题与中心主任潘光进行了交流。

7月

5—16日　欧亚所所长、犹太研究中心副主任余建华研究员应以色列特拉维夫大学邀请，前往以色列参加第四届阿以冲突国际研讨会。研讨会由特拉维夫大学丹尼尔·亚伯拉罕国际和地区研究中心主办。

17—19日　欧亚所举行"第九届中亚和上海合作组织国际学术研讨会"，中国、俄罗斯、中亚国家、欧盟国家、美国、日本、印度、巴基斯坦和上海合作组织秘书处的50名资深官员和知名学者参加会议。与会者深入探讨了中亚、南亚安全形势和上海合作组织的作用、金融危机与上海合作组织的应对、上海合作组织与美国、欧盟、日本的关系等议题。上海合作组织副秘书长高玉生赴会发言，外交部欧亚司司长张霄作了主题讲演。

是月　上海社科院党委决定由吴建民大使和王荣华院长共同担任国际问题研究中心理事会主席，张仲礼、陈启懋任理事会高级顾问，黄仁伟任理事会常务副主席，童世骏、杨洁勉、俞新天、倪世雄任理事会副主席，潘光任理事会秘书长（中心主任），李轶海、王健、刘鸣、吴雪明任理事会副秘书长(中心副主任)。

8月

11—13日　应蒙古发展研究中心邀请,欧亚所所长余建华研究员和傅勇副研究员参加第三届乌兰巴托论坛。蒙古发展研究中心是在蒙古国总统直接支持下设立的重要政府智库,其以促进东北亚政治和经济的一体化、推动蒙古社会经济发展和国际交流合作为主要宗旨,争取国际基金支持连续举办国内外专家学者和相关部门人士的学术聚会与对话。

9月

10—11日　欧亚所与俄罗斯国立莫斯科国际关系学院联合举办了"当代国际体系转型:中国和俄罗斯的应对和抉择"国际研讨会。会议除俄罗斯国立莫斯科国际关系学院的学者外,还邀请了俄罗斯战略研究所、俄罗斯科学院以及国内有关单位的专家学者及外交部有关部门领导与会。

11月

6日　欧亚所与亚太所、上海国际关系学会合作主办了以"欧亚热点问题与中国外交"为主题的学术研讨会,邀请上海国际问题研究院、上海外国语大学、上海交通大学、同济大学等单位的专家学者,就当前欧亚地区,尤其是中国周边地区的热点问题及其对中国外交带来的机遇和挑战进行了广泛深入探讨。

10日　纪念纳粹德国屠杀犹太人的"水晶之夜(Kristallnacht)"事件发生70周年的特别活动在纽约联合国总部举行。当天的纪念活动由联合国新闻部主办,由联合国副秘书长主持。应邀参加这个纪念活动的中国代表、犹太研究中心主任潘光研究员在会上介绍了第二次世界大战前后犹太人逃往上海避难及在上海生活的情况，引起在场观众的共鸣。

17日　俄罗斯科学院远东所两位经济研究员奥丽佳·博罗赫(Olga Borokh)、柳芭·诺沃谢洛娃(LiubaNovoselova)访问俄罗斯研究中心，就中俄经济合作议题举行了座谈会。

2010 年

3月

16日　日本国际问题研究所中国研究会高木诚一郎等6位专家一行访问了上海合作组织研究中心，与中心主任潘光研究员进行了交流。中日双方就上海合作组织今后的发展方向、该组织与其他国家和国际组织的关系以及日本、美国对上海合作组织的参与形式等问题进行了广泛而深刻的探讨。

23日　应俄驻沪总领事馆提议，俄副总领事柏德福和副领事格列恰内与欧亚所部分研究人员举行了座谈会。双方就俄方提出的3个议题"外交为国家现代化服务""对外政策绩效的评估标准""2009年中俄外交成果评估"相关问题进行了开诚布公的会谈与广泛交流。

4月

2日　上海市委举行常委学习会，听取院上海国际问题研究中心黄仁伟研究员关于《低碳经济与上海发展方式转型》的专题辅导报告。中共中央政治局委员、市委书记俞正声主持会议。

12日　英国外交部政策研究司副司长、中东问题专家格雷哥·夏普兰(Greg Shapland)与上海国际问题研究中心主任潘光研究员就当前中东形势及中国对中东政策进行了交流。

20日　荷兰驻华使馆一秘Rob Anderson、瑞士驻华使馆政治处副主任Pierre Hagmann、澳大利亚驻华使馆二秘Gedaliah Afterman来上海社会科学院访问,就中国外交、上海合作组织发展、中东问题、中亚形势等与上海合作组织研究中心主任潘光、欧亚所研究员丁佩华进行了交流。

9月

10日　上海国际问题研究中心对领导班子作了进一步调整与充实,由上海社科院副院长黄仁伟兼任上海国际问题研究中心主任,原中心主任潘光被聘为中心理事会副主席,世界经济与政治研究院党总支副书记吴雪明兼任中心副主任、办公室主任。

10月

20—21日　欧亚所与院俄罗斯研究中心合作举办了"俄罗斯内外政策调整——前景及应对"研讨会,邀请了外交部欧亚司、中国社会科学院、上海复旦大学、国际问题研究院等单位的专家学者,围绕俄罗斯外交政策的调整进行讨论。

11月

12—13日　欧亚所与上海社科院上海国际问题研究中心、上海市国际关系学会及世界史学会联合成功举办"第六届亚欧合作与中欧关系学术研讨会"。围绕"亚欧会议的新一轮扩大与中欧关系的未来发展"这一主题,来自北京和上海30多位专家学者展开深入探讨。

12月

3日　中共中央政治局就"从上海世博会看世界发展的新趋势新理念问题"进行第二十四次集体学习。上海国际问题研究中心黄仁伟研究员与同济大学诸大建教授就该问题进行讲解，谈了他们的意见和建议。

2011年

1月

17—23日　亚太所副所长刘鸣研究员、高兰研究员应日本京都产业大学邀请，赴日本京都和东京进行了学术交流访问。在日本京都产业大学世界问题研究所，双方学者就中日关系和中国的地区政策进行了研讨。

4月

7日　上海欧洲学会与上海社会科学院欧亚研究所联合举办小型学术研讨会，欧洲政策研究中心 Michael Emerson 教授特邀与会并就"欧盟与俄、阿关系"问题做了专题报告。

　　是月　刘鸣任亚太所所长。

5月

6日　亚太所所长刘鸣、蔡鹏鸿研究员等相关研究人员接待了上海社科院访问的韩国外交通商部前部长尹在宽、中国问题专家金兴圭一行两人。时值六方会谈陷入僵局、南北关系举步维艰之际，两国专家就朝鲜国内政治前景、朝韩接触的可能性以及中国影响朝鲜半岛局势发展的作用等共同关系的问题进行交流。

23—24日　亚太所所长刘鸣和蔡鹏鸿研究员赴澳门参加澳门大学与台湾大学联合举办的"走向东亚共同体：神话抑或现实"的国际会议。刘鸣和蔡鹏鸿分别就"东亚的自由贸易区发展"和"追求东亚共同体"两个议题作发言。

6月

10—11日　亚太所所长刘鸣研究员应邀赴美国檀香山参加"中美关系，地区安全与全球治理"第11次对话会议。会议由复旦大学、美国国际战略研究中心太平洋论坛、亚洲激进会共同主办。

14日　英国布拉德福德大学国际合作与安全研究中心高级研究员大卫·刘易斯博士访问上海社会科学院欧亚所，并就欧盟在中亚的政策及对上海合作组织的看法与欧亚所的学者进行深入交流。

9月

6日　由上海社科院副院长、上海国际问题研究中心主任黄仁伟研究员全程参与起草和撰写的《中国的和平发展》白皮书于国务院新闻办正式发布。黄仁伟研究员是国内最早提出"中国和平崛起"思想的学者之一。其后，黄仁伟和潘光在中央和上海主要媒体上接受专访和发表一批重要文章，对白皮书进行解读。

12月

31日　十一届全国人大常委会举行第二十五讲专题讲座，题目是《2011年国际局势变化的新特征和我国面临的新挑战新机遇》。吴邦国委员长主持讲座。主讲人上海社科院上海国际问题研究中心黄仁伟研究员对2011年中国对外关系、国际环境的新变化、抓住新一轮战略机遇期三方面作了深入讲解。

是月 上海社科院上海国际问题研究中心承办了由国家创新与发展研究会、上海社科院联合主办的"构建周边'利益共同体'战略研讨会",郑必坚会长发表主旨演讲,30余名来自全国各地的知名学者探讨了中国的周边形势与战略应对,并提出对策建议,为中央决策提供参考。

2012年

2月

4日 亚太所与上海日本交流中心共同主办的"中国和平崛起与中美日及东亚关系"小型国际研讨会。来自日本京都产业大学世界问题研究所、复旦大学国际问题研究院、上海交通大学日本研究中心、上海国际问题研究院、上海日本交流中心等机构的与会者进行了研讨。

21日 上海社会科学院国际关系研究所(简称国关所)正式成立,由上海社会科学院东欧中西亚研究所和亚洲太平洋研究所合并而成。上海社科院召开国际关系研究所成立大会,市委宣传部副部长、院党委书记潘世伟出席会议并讲话,党委副书记、纪委书记洪民荣主持会议。任命刘鸣担任国关所常务副所长。

4月

13日 美国国家亚洲研究局政治军事事务主任亚伯拉

罕·邓马克博士(Abraham Denmark)对上海社会科学院国关所进行了学术访问。双方围绕朝鲜半岛局势、美国亚太战略再平衡问题、南海问题、缅甸政治发展趋势等热点问题进行交流。

6月

15—16日 以"中国国际战略：概念、趋势与影响"为主题的国际会议在上海社会科学院召开。会议由上海社会科学院国关所、新加坡拉贾拉南研究院和上海对外文化协会联合主办，邀请了中、美、日、新、韩、英等国知名智库、政府部门学者、官员与会。

22—23日 上海社会科学院召开"未来十年的中国国际战略"高层研讨会暨上海社科院国际关系研究所成立大会。中央外办副主任裴援平、上海市委宣传部副部长李琪、中国人民大学党委书记程天权和上海社会科学院党委书记潘世伟共同为国际关系研究所揭牌。外交部部长助理乐玉成，原中国驻法国大使、上海社会科学院国际问题研究中心理事会主席吴建民出席成立大会。李琪、程天权、上海台湾研究所所长俞新天、上海社科院世界经济研究所所长张幼文在成立仪式上分别致辞。上海社科院国关所常务副所长刘鸣在会上结合多媒体介绍了国关所的发展历程。清华大学当代国际关系学院院长阎学通等发来贺信。

9月

3—4日 上海社科院国际关系研究所与韩国峨山政策研究院在韩国首尔联合主办主题为"探索深化中韩战略合作伙伴关系"的学术研讨会，共同庆祝中韩建交20周年。国关所常务副所长刘鸣率团一行6人参加了会议。

11日　上海社科院世经所与国关所联合主办"世界格局的变化与中国的国际地位暨《中国国际地位报告》十周年"理论研究会,中央外办局长程广中、院党委书记潘世伟等出席开幕式并致辞。研讨会围绕"近十年世界格局的重大变化"与"中国国际地位的提升"两个主题进行分析与讨论。

11月

2日　由上海社科院国关所和日本京都产业大学世界问题研究所联合举办的"中美日关系及亚洲地区的稳定"研讨会在上海召开。此次会议是9月中日关系紧张升级后,中日两方智库客服各种困难组织的一次会议。

14—15日　上海社科院国关所与上海市美国问题研究所联合举办"亚洲安全环境转型与大国关系发展态势"国际研讨会。

12月

28日　由上海国际问题研究院国际战略研究所和上海社科院国际关系研究所联合举办的"新型大国关系"研讨会展开。与会学者围绕当前主要大国关系、中国国际战略、中美关系互动、美日韩亚太战略等议题展开研讨。

2013年

2月

是月　上海社科院国关所主办的《国际关系研究》(双月刊)正式创刊。

3月

12日　上海社科院国关所主办"金砖国家合作机制发展进

程与前景"学术研讨会,10余位专家学者与会,探讨金砖国家合作进程评估、国际金融危机形势下金砖国家面临的挑战与合作构想、金砖国家合作机制发展前景与中国的角色3个专题。

4月

9日 上海社科院主办,国关所承办"中美关系新布局"国际研讨会。来自美国布鲁金斯学会、美国国防大学、美国海军分析中心、美国全球挑战基金会,以及中国国际问题研究所、中国海军军事学术研究所、上海国际问题研究院、复旦大学的专家学者参加了本次会议,院党委书记潘世伟教授作了主旨演讲。

5月

17日 国关所国际关系理论室与上海市世界史学会联合主办了"托克维尔与西方政治思想"的学术研讨会,与会学者结合中国的改革实践,从托克维尔关于欧洲革命和改革的认知和托克维尔的民主思想及其政治哲学等视角进行讨论。

25日 举办《国际关系研究》杂志发刊式暨"构建新型大国关系"研讨会。中国社会科学院、中国国际问题研究所、中国人民大学、海军军事学术研究所、现代国际关系杂志社、复旦大学、上海交通大学、上海外国语大学和上海社会科学院等近40位专家学者与会。会议由上海社科院国关所国际关系研究编辑部主办。

7月

19—21日 第11届中亚和上海合作组织国际学术研讨会在上海举行,研讨会由上海社科院国关所,上海市对外文化交流协会,上海社会科学院上海合作组织研究中心,中国国际问题研究基金会联合举办。来自中国、俄罗斯、中亚国家、欧盟国家和美国等地的资深官员和知名学者与会。

是月 余建华任中共上海社科院国关所党总支书记。

9月

11日 由上海社科院国关所刘鸣研究员任首席专家的2013年国家社科基金重大项目《东北亚地缘政治环境的三元变化与我国的综合方略》举行了开题报告会。上海社科院院长王战、党委书记潘世伟、副院长黄仁伟出席了会议并致辞。来自中国社科院、中国现代国际关系研究院、中国人民大学、海军军事学术研究所、复旦大学、上海交通大学、上海外国语大学、同济大学、上海国际问题研究院等单位的专家学者就如何看待东北亚地缘政治环境的变化、美国的战略东移、朝鲜半岛局势、东北亚海洋争端以及我国的应对方略等问题进行了研讨。

21日 上海社科院国关所召开"达赖集团新动向与西藏反分裂斗争"专题研讨会。邀请中藏研中心廉湘民和杜永彬两位研究员、四川大学南亚研究所所长李涛教授、上海社科院原党委副书记卢秀璋研究员、青海省果洛州玛多县宣传部蒙华部长等与会。

10月

8日 上海社科院国关所青年学术交流中心成立,所青年学术交流中心根据所里的科研工作规划和青年科研人员的需求,通过组织各种活动,促进所内青年科研人员之间以及对外学术交流,形成比较浓厚的科研风气,推动青年科研人才的成长。

11—12日 上海社科院国关所与上海对外经贸大学国际

战略与政策分析研究所共同主办的"第五届上海全球问题青年论坛"。40多位来自全国各地高等院校的青年学者与会,以"21世纪的全球治理:制度变迁和战略选择"为主题开展了学术探讨。

11月

1—2日 上海社科院国关所中国外交研究室与国际文化研究室共同主办了"国际规范与中国外交"的学术研讨会。会议邀请了来自中国社会科学院、北京大学、中国人民大学、南京大学、复旦大学、上海交通大学、同济大学、上海外国语大学、上海外经贸大学、上海国际问题研究院等10余家高校与科研单位的知名学者和专家近40人与会。会议围绕国际规范理论的建构及最新发展、国际规范与全球经济治理、社会治理、国际规范与大国关系以及中国外交的应对等四大议题展开了深度探讨。

6—8日 国关所与韩国东北亚历史财团在韩国首尔联合召开"中韩公共外交和东亚地区合作"研讨会。

19日 上海社科院国关所国际文化研究室召开了"国际关系中的民族主义"学术研讨会,来自复旦大学、上海国际问题研究院等单位的专家学者与会。

21—22日 上海社科院国关所与上海文化交流协会合作举办"第一届淮海大国关系论坛",主题为"大国关系:国际体系转型中的挑战与合作"。此次论坛共邀请了6位外方嘉宾以及国内10余名国内著名学者,讨论的议题包括国际体系转型中的问题与挑战、构建中美新型大国关系、中俄、中欧、中印等新兴大国关系,大国在热点议题上的纷争与合作等。

12月

3日　上海国际问题研究中心举办"2013年终国际形势分析与展望研讨会"。中国前驻法大使、上海国际问题研究中心理事会主席吴建民出席会议并讲话,会议由上海社科院副院长、上海国际问题研究中心主任黄仁伟研究员主持。来自复旦大学、上海交通大学、同济大学、上海外国语大学、上海国际问题研究院以及本院等高校、研究机构的10余位国际问题专家学者作了专题发言。

2014年

3月

7日　国关所举办"大国安全决策机制:国际比较与中国借鉴"研讨会。会议邀请了上海国际问题研究院、中国国际战略研究基金会、复旦大学、北京大学、清华大学、中央财经大学等单位的10多位专家学者参加,对世界主要国家国安会决策机制、我国国安会的功能定位及我国的国家安全战略等问题展开了讨论。

4月

7日　在上海社会科学院国际合作处以及哈萨克斯坦驻上海总领事馆协助和支持下,国关所与上海市对外文化交流协会联合举办了"亚信会议与区域合作:现状与前景"国际学术研讨会。中国、俄罗斯、哈萨克斯坦学术机构的专家学者、亚信秘书处官员、驻沪领馆外交官员以及媒体记者约30余人出席了会议。

5月

22日　国关所与上海国际关系学会、上海美国问题研究所、《解放日报》和新华总社联合举办的"亚信峰会成果、前景与中国的作用"专家研讨会。上海社科院、复旦大学、上海交通大学、同济大学、华东师范大学的学者就亚信的成果和未来3年中国如何利用主席国的地位推动亚洲新安全观,并造福亚洲人民等议题进行了深度研讨。

6月

28—29日　国关所青年学术交流研究中心举办第六届上海全球问题青年论坛,论坛的主题是"周边地缘环境新趋势：理论分析与战略应对"。此次论坛共邀请包括全国30位演讲嘉宾,征集论文20余篇,就"地缘政治理论及其实践、世界地缘政治格局新趋势、东亚地缘环境分析、周边地缘热点问题、中国周边地缘环境中的美国因素、周边地缘环境变化对中国外交的影响及其应对"6个分议题进行了深入探讨。

9月

20—21日　上海社科院国关所国际关系研究编辑部与世界经济与政治编辑部联合举办"十八大以来的中国外交：战略与前瞻"学术研讨会。来自中国现代国际关系研究院、中联部世界问题研究中心、国防大学、中国人民大学、南京大学、上海交通大学、复旦大学、上海国际问题研究院、广东国际战略研究院等单位的嘉宾和来自浙江大学、中国国际问题研究院等单位的青年学者参加研讨。

10月

19日　国关所与上海欧洲学会举办"中法关系的回顾与展望"国际研讨会，会议邀请到了来自法国巴黎政治学院、巴黎第一大学、法国亚洲中心，以及上海复旦大学、上海国际问题研究院和华东师范大学的专家学者，分别就中法的能源、非传统安全的合作，以及中法在共建国际安全新秩序和区域合作等相关问题进行了深入的研讨。

25日　国关所与世界史研究中心、上海市世界史学会共同主办了以"世界史视野下的国家治理与国际格局"为主题学术研讨会及学会第九届青年论坛"世界史研究的拓展与深化"。近40位青年学者和研究生发来论文并在青年论坛上发言。

11月

12日　国关所与上海市国际关系学会、上海市美国学会联合举办"2014年APEC北京峰会成果"评估讨论会。来自复旦大学、上海交通大学、上海国际问题研究院等上海高校和科研机构的专家学者与我所科研人员围绕2014年APEC北京峰会所取得的成果进行了深入讨论。

17—18日　国关所与美国卡耐基和平基金会、上海市对外文化交流协会共同主办第二届淮海国际论坛"东亚局势与战略互疑：应对与合作"国际学术研讨会。来自美国、日本、澳大利亚、新加坡、泰国的外方学者、专家和政府官员与来自中国国际问题研究院、中国社会科学院、复旦大学、上海国际问题研究院、上海社科院的学者分别围绕中美关系、中日关系、美国亚太战略、南海问题、地区危机管控、地区安全合作机制构建等议题进行了深入讨论。

2015 年

3 月

是月 经上海市机构编制委员会批准，上海社会科学院国际问题研究所（简称国际所）改组成立。上海社会科学院国际问题研究所由汪道涵先生创立于 1985 年的上海市人民政府上海国际问题研究中心更名组建而成，原上海社会科学院国际关系研究所整建制并入，由刘鸣担任常务副所长。

4 月

10 日 国际所与上海市世界史学会联合主办了"万隆精神与国际秩序——纪念万隆会议六十周年学术研讨会"。来自北京大学、清华大学、复旦大学、上海国际问题研究院、上海社会科学院和外交部、世界知识杂志社等单位的有关学者和人士 50 余位围绕万隆会议的历史地位与影响、亚非国家的国际秩序理念发展、亚非合作与中国周边外交、中国与国际秩序新理念等议题展开探讨与交流。会议的研讨成果在《国际关系研究》和《世界知识》上刊出。

5 月

19 日 国际所举办了"朝鲜半岛局势与中韩战略对话"。会议就朝鲜半岛南北关系与朝核问题、萨德导弹部署与美日韩同盟关系等议题进行探讨。会议邀请了来自韩国国防研究院、外国语大学及北京中国工程物理研究院、中国现代国际关系研究院、国防大学、上海同济大学 10 多位专家参加研讨。

7月

10日　国际所与上海市世界史学会和《世界知识》杂志社共同主办"世界反法西斯战争胜利七十周年与战后国际秩序"学术研讨会,上海联合国研究会、上海国际战略研究会、上海俄罗斯东欧中亚学会和上海市对外文化交流协会等单位协办和支持。京沪两地国际关系和世界史领域的60余名专家学者围绕世界反法西斯战争与中国、大国协调与战后国际秩序、国际秩序转型中的中国与大国等议题展开学术研讨。

10月

24—25日　国际所青年学术交流中心与国际关系研究编辑部共同举办了"第七届上海全球问题青年论坛"。来自海内外各高校、科研机构及本所的40多位青年学者与会,以"新世纪地区安全危机及其治理"为主题开展了学术探讨。

30日　为纪念联合国成立70周年,国际所、上海国际关系学会和上海联合国研究会共同举办"安全治理、发展议程与联合国:回顾与前瞻"学术研讨会。来自上海社科院、上海国际问题研究院、复旦大学、同济大学、华东师大、上海师范大学、上海政法学院的30多位专家学者围绕联合国在发展议程和安全治理两大领域的作用以及中国与联合国的关系等议题展开深入探讨。

11月

10日　国际关系研究编辑部与上海国际问题研究院国际展望编辑部联合举办"一带一路"的理论与实践评估研讨会。中国社科院、外交学院、中国人民解放军国际关系学院、华侨大学、武汉大学、复旦大学、上海外国语大学、上海国际问题研究院多名研究人员参加了会议。

22—24日　国际所与上海市对外文化交流协会联合主办"第三届淮海大国关系"国际论坛,主题是"失序还是权力转移:乌克兰危机后和南海紧张局势下的大国关系"。美国、俄罗斯、日本、俄罗斯、意大利、比利时等国学者与复旦大学、北京大学、人民大学、外交学院、上海国际问题研究院、上海社科院等国内知名高校、智库的学者共约30多名代表出席研讨。

2016年

1月

23日　由上海社科院国际所和上海市美国问题研究所联合主办,东方早报/澎湃新闻协办的"2016:国际形势比前瞻与中国角色"学术研讨会在上海社科院小礼堂成功举行。来自国内知名高校、智库的学者共约20多名代表出席研讨。全国人大外委会委员、中央外办原副主任陈小工和中共中央对外联络部原副部长、中国人民争取和平与裁军协会副会长于洪君分别发表了题为《关于中国特色的大国外交》和《共建命运共同体:愿景与现实》的主题演讲。

3月

26日　由上海社科院国际所和国际关系研究编辑部联合主办的"青年理论学者首届上海圆桌会议",来自澳门大学、中国社会科学院、北京外国语大学、外交学院、南京大学、华侨大学、中国人民大学、复旦大学、上海交通大学、华东师范大学以及上海社科院国际所等国内知名高校、智库20多名学者出席研讨。

30日　上海社科院国际所刘鸣研究员主持的国家社科基金重大项目"东北亚地缘政治环境的三元变化与我国的综合方略"召开中期成果汇报会暨学术研讨会。邀请来自清华大学、国防大学、中国现代国际关系研究院、上海外国语大学、上海交通大学、同济大学等高校和研究机构的专家与会研讨。

4月

14日　上海社科院国际所与韩国驻沪总领馆共同举办了"朝鲜半岛局势"圆桌会议。韩方主要代表为韩国外务部和平外交企划团团长金容显一行5人。来自上海社科院国际所、复旦大学、上海国际问题研究院、交通大学、同济大学、上海外经贸大学等研究机构的专家学者参加了会议。

27日　上海社科院国际所与上海译文出版社共同主办"傅高义学术著作系列出版启动暨战后日本经济社会发展启示研讨会"。会议邀请政界、学界、商界、教育界、图书出版界等行业的专家学者围绕素有"中国先生"之称的傅高义著作《日本第一：对美国的启示》展开讨论。

6月

1日　上海社科院国际所南海研究平台和"一带一路与周边机制"创新团队共同主办"当前南海局势评估、展望与中国对策"研究会，会议邀请了广东海洋发展研究会、中国海洋发展研究中心、海军指挥学院、中国社会科学院海洋法与海洋事务研究中心、中国南海研究院、武汉大学国际法研究所等科研机构的专家学者与会,围绕当前南海局势发展、中菲南海仲裁案两大主题展开讨论。

25日 值亚欧会议合作机制创立20周年和乌兰巴托峰会即将召开之际,为推进亚欧合作和我国与沿线国家的"一带一路"建设,上海社科院国际所、上海市世界史学会、上海欧洲学会、上海俄罗斯东欧中亚学会与世界知识杂志社等单位联合举办了"亚欧合作与'一带一路'建设"研讨会。

7月

2—3日 上海社科院国际所主办的第八届上海全球问题青年论坛在上海召开。本届论坛的主题为"国际秩序转型中的动荡和失序"。来自北京、上海、广州、武汉、长沙、吉林等地高等院校的近40位青年学者和研究生参加了本次会议。

4日 上海社科院国际所和中国—俄罗斯—中亚合作研究中心共同举办了第一届中俄智库战略对话会"东北亚挑战及安全与经济合作"。应邀出席会议的俄方主要代表有俄罗斯战略所副所长格·季先科、俄罗斯科学院远东所朝鲜研究中心康·阿斯莫洛夫研究员等。通过本次国际会议,中方学者深入了解俄方智库学者的基本观点,加强双方在东北亚安全与经济问题上的学术交流,落实我院与俄科学院远东分院之间"一带一盟"对接与远东开发机遇合作等。

23日 国际所与韩国韩中智库网联合举办的"中美韩东北亚安全三边对话"在上海社会科学院分部举行。会议围绕朝鲜核和导弹发展趋势与萨德反导体系、南海争端与仲裁后的中美东盟互动、东亚多边安全机制构建与中美日韩俄大国三边关系发展等 4 个议题进行。

10 月

14—15 日　国际所主办"第四届淮海大国关系"国际论坛，主题为"转型中的国际秩序：全球挑战与管理"，美国、俄罗斯、日本、俄罗斯、意大利、比利时等国学者与复旦大学、北京大学、人民大学、外交学院、上海国际问题研究院、上海社科院等国内知名高校、智库的学者共约 30 多名代表出席研讨。

19 日　"第四届上海社会科学院——韩国东北亚历史财团年度研讨会"在上海社科院顺利召开。该会议自 2013 年开始，由上海社科院国际所与韩国东北亚历史财团在首尔与上海两地交替共同举办。本次会议以"中韩合作：挑战与对策"为主题，来自韩国东北亚历史财团、对外经济政策研究院、诚信女子大学、同德女子大学、庆南大学、"中央日报社"、复旦大学、同济大学、上海社科院世经所、应用经济所及国际所的多位专家学者出席，并就相关问题进行了讨论与交流。

是月　余建华任上海社科院国际所副所长。

11 月

18 日　上海社科院国际所、国际关系研究编辑部会同上海市国际关系学会共同召开"欧洲移民危机与全球化困境：症结、趋势与反思"学术研讨会。与会学者从当前愈演愈烈的欧洲危机和难民危机现象探讨了全球化与欧洲一体化所面临的困境，并对资本主义所面临的一系列危机进行了反思。

19 日　国际所与日本京都产业大学世界问题研究所共同举办"东北亚安全形势发展：挑战与合作"小型国际研讨会。中日两国学者就当前中日关系、朝鲜半岛问题及日俄关系发展等议题进行了热烈讨论。

2017年

1月

14日 上海社科院国际所、上海市世界史学会、中国现代国际关系研究院《现代国际关系》编辑部联合召开"2017：国际形势前瞻"学术研讨会。来自北京、上海等地40多位国际问题研究专家学者展开研讨。

2月

10日 上海社科院国际所、上海人民出版社联合主办"尼克松访华四十五周年：中美关系回顾与展望——陶文钊教授新书发布暨学术研讨会"在上海社科院小礼堂召开。

4月

12—13日 "中东地缘政治变局与中国特色大国中东外交研讨会"由上海社科院国际所、中国中东学会、上海市世界史学会主办，中国社会科学院海湾研究中心协办，上海社会科学院国际安全学科创新团队承办。

5月

23日 由复旦大学南亚研究中心和上海社科院国际所联合主办的"中印战略关系与中巴经济走廊建设"专题研讨会在上海社科院顺利举办。会议包括"影响中印战略互信的各类深层次因素""提升中印战略互信的具体对策"和"中巴经济走廊建设的风险与应对"等议题。

6月

25日　由上海社科院国际所与盘古智库共同举办有关中国外交探索与创新的学术会议在上海社会科学院召开。国内多家高校、研究机构的专家学者出席本次会议并参与相关议题讨论。

27日　上海社科院国际所举行了主题为"金砖国家厦门峰会与未来合作机制"的学术研讨会。

10月

21日　国际所与韩国东西大学、日本庆应义塾大学在韩国釜山共同举办第9届东北亚合作国际会议，主题是"特朗普政府的对外政策展望与中日韩三国合作"。

28日　上海社科院国际所与上海外国语大学俄罗斯研究中心联合举办主题为"'一带一路'与区域经济合作"的研讨会。会议围绕"一带一路"合作倡议面临的挑战和机遇、"一带一路"与区域经济合作和"一带一路"倡议下双边与多边经济合作机制3个议题展开。

11月

4日　上海社科院国际所和德国弗里德里希·艾伯特基金会上海代表处共同发起了"全球经济治理新需求"系列国际研讨会。首届会议于11月4日在上海社科院举行，会议主题为"国际金融体系、发展与基础设施融资"。

8日　上海社科院国际所与上海市世界史学会、上海市俄罗斯东欧中亚学会、上海欧洲学会联合举办"丝路精神与文明交流"学术研讨会。

2018 年

1 月

31 日　国际所与中国现代国际关系研究院、现代国际关系编辑部、上海社会科学院智库研究中心等单位联合召开"2018：国际形势前瞻"学术研讨会，会议议题包括：特朗普政府外交与印太战略走向、"再冷战化"与美俄欧三边互动、新形势下朝核问题趋势与挑战、中东南亚热点问题与地缘政治新趋势、全球化与世界贸易体制发展新态势、新时代中国特色大国外交新挑战与新使命等。

2 月

8 日　上海社科院国际所召开"特朗普对外经济政策与中美经贸关系走向"专题研讨会，来自中国社科院、商务部国际贸易经济合作研究院、中国现代国际关系研究院、中国国际问题研究院、上海WTO事务咨询中心、上海财经大学等单位的专家学者与会。

3 月

30 日　国际所主办"伊朗的地缘环境、对外政策与中伊关系"研讨会。来自中国国际问题研究院、中国现代国际关系研究院、中国社会科学院、上海外国语大学等单位多位中东问题专家与会交流。

5 月

4 日　上合组织青岛峰会前夕，国际所与上海大学上海合作组织公共外交研究院联合举办"上合组织与区域发展合作：机遇与挑战"研讨会，围绕上合组织进一步发展外部环境、上合与地区热点问题、上合框架内多边合作和新形势下中国与中亚国家的合作4个议题展开研讨。

5日　上海社科院国际所与上海市美国问题研究所联合举办"中美贸易谈判评估与未来发展建议"学术研讨会。来自上海发展研究基金会、上海财经大学、复旦大学、上海国际问题研究院、新华社上海分社等单位专家学者与会。

15日　上海社科院国际所与上海市美国问题研究所联合主办"中亚、南亚局势走向与中国边疆安全"专题研讨会,阿富汗驻华大使作了题为"阿富汗——'一带一路'沿线国家的重要枢纽"主旨演讲。

17—18日　上海社科院国际所与湘潭大学历史系共同主办的"新时代朝鲜半岛局势"学术研讨会在湖南省湘潭大学召开。来自北京、天津、湖南和上海多家科研机构与高校专家参与研讨。

31日　上海社科院国际所与首尔研究院共同举办的"东北亚局势变化与地方政府外交角色"研讨会在首尔研究院举行。韩国与会人员包括首尔研究院院长徐王金、韩国统一研究院院长金延哲、汉阳大学国际大学校长文兴镐等相关学者与首尔市政府官员。

6月

20日　国际所主办"中国与欧亚伙伴合作机制"国际研讨会。中国国际问题研究院、中国现代国际关系研究院、复旦大学、上海外国语大学、上海国际问题研究院和上海社会科学院国际问题研究所的中方学者与来自亚信会议秘书处、乌克兰经济发展研究所、哈萨克斯坦总统图书馆、哈萨克斯坦中国研究中心的研究人员和俄罗斯及哈萨克斯坦驻华使领馆的工作人员等20余人共同参加了会议。

23日 上海社科院国际所主办第二届"全球经济治理新需求"国际研讨会。继2017年首届"国际金融体系&发展与基础设施融资"研讨会后,本届研讨会以"国际贸易和投资体系的未来"为主题。会议邀请了世贸组织秘书处、悉尼罗伊研究所、美中经济与安全评估委员会、香港中文大学、新加坡管理大学、北京大学、中国社会科学院、中国国际贸易学会等单位专家学者与会,热烈探讨国际贸易投资体系和主要大国关系所面临的挑战及发展前景。这是由上海社科院国际所和德国弗里德里希·艾伯特基金会上海代表处共同发起的"全球经济治理新需求"系列国际研讨会系列之二。双方计划于2019年年初继续围绕国际贸易和跨国投资共同举办第三次国际研讨会。

7月

7日 上海社科院国际所与国际关系研究编辑部共同主办以"人类命运共同体:理论、历史和外交实践"为主题的第十届上海全球问题青年论坛,来自北京、上海、湖南、广东、重庆及海外的数十名青年学者和研究生参与本次论坛,就"人类命运共同体:理论与观念""人类命运共同体与中国外交""人类命运共同体的实践"等议题展开讨论。

20日 上海社会科学院召开干部大会,宣布王健任上海社会科学院国际问题研究所所长。

8月

10—11日　国际所与上海市美国问题研究所联合主办"世界百年未有之大变局与中美关系"研讨会,京沪10余位专家学者分别围绕"大变革、大发展、大融合的时代与中美关系""中美关系中的意识形态因素""美日欧贸易磋商进展及其对华影响"等议题进行深入探讨。

9月

19日　国际所与上海市世界史学会等单位联合举办"从主权平等到合作共赢——国际秩序的演进与变革"研讨会,探讨处于重大转型年代的国际社会如何构建合作共赢的新型国际关系,推动国际秩序朝更加公正合理的方向变革发展,以及其中的中国元素构建与影响。

21日　国际所与上海市国际关系学会共同主办的"改革开放40年中国外交与人类命运共同体建设"研讨会,来自中联部、北京大学、中国人民大学、复旦大学等20余位专家围绕"改革开放40年中国外交思想继承与理论创新""战略环境变化与新时期外交布局""战略环境变化与新时期外交布局""人类命运共同体与中国特色大国外交""周边治理与区域合作"等议题展开探讨。

10月

16日　国际所与上海市美国问题研究所联合举办"'美墨加三边协议'的影响及中国应对"研讨会。来自复旦大学美国研究中心、上海财经大学、上海国际问题研究院、上海对外经贸大学等单位的专家学者共同就达成伊始的"美墨加三边协议"展开学术探讨。

19日　国际所青年中心举办"大国崛起背景下的贸易摩擦和地区与全球秩序"研讨会,上海交通大学、华东政法大学和我所青年科研人员围绕"从历史角度看贸易战对地区和全球秩序的影响"和"中美贸易摩擦对印太和全球秩序的影响"两个主题展开交流。

23日　国际所与韩国东北亚历史财团联合举办系列年度学术研讨会。中韩学者围绕东北亚和平中的历史议题及其当代影响、对东北亚局势的多维度透视、东北亚和平建构中的大国与大国关系进行发言和互动。

26日　国际所与上海社科院智库研究中心共同主办了2018年上海全球智库论坛第三场平行会议,主题为"一带一路推进中的第三方合作与海外利益保护",参会的专家学者来自中国、法国、德国、意大利和英国等国智库,包括同济大学德国研究中心特聘教授芮悟峰大使、法国巴黎亚洲研究中心总裁迪蒙柳等。

27日　国际所与上海欧洲学会联合主办"亚欧合作与互联互通"研讨会,来自北京、广州和上海的20多位专家学者与会。

11月

1日　在国家主席习近平应约与美国总统特朗普通话当天,国际所与上海市美国问题研究所联合举办"十字路口——中美关系"的研讨会,上海多家单位美国问题专家与会。

19日　国际所与日本京都产业大学世界问题研究所举办了"'一带一路'的历史渊源和现实意义"国际学术会议,两国专家讨论了"一带一路"与国际法、"一带一路"与日本外交、"一带一路"与欧亚大陆新秩序、用中国内生经济周期论看"一带一路"、"一带一路"对现存国际秩序的影响等议题。

20日　国际所与南风窗传媒智库联合主办了"曲折前进中的全球化：新时代的对外开放"研讨会。本次会议是南风窗传媒智库和国家高端智库的首次合作。

12月

4日　上海社科院国际所与韩国东西大学、日本庆应义塾大学、中日韩三国合作秘书处、韩国国际交流财团联合主办"东北亚合作：新挑战、新模式与新蓝图"国际学术会议。

14—18日　王健所长应卡塔尔外交部邀请，赴卡塔尔多哈参加2018年多哈论坛。

2019年

1月

18日　国际所与中国现代国际关系研究院、现代国际关系编辑部、上海市国际关系学会和《国际关系研究》编辑部联合举办"2019国际形势前瞻：国际大格局下的中国周边外交"研讨会。

22日　李开盛担任国际所副所长。

2月

26日　上海社科院国际所与德国弗里德里希·艾伯特基金会上海代表处合作举办"全球经济治理新需求：全球经济治理与跨国公司的角色"国际学术研讨会。这是双方合作的第三届会议。

3月

10—17日　李开盛副所长应菲律宾雅典耀达沃大学邀请，赴菲律宾马尼拉、达沃调研。

12—18日　王健所长一行赴广东和海南两省涉海部门、智库和企业就海上安全形势、海洋权益维护、海洋开发与保护、海上丝绸之路建设与自由贸易区建设和高技术产业等议题进行调研。

19日　余建华副所长一行到上海艾能电力工程有限公司考察，并围绕"区域化党建工作开展的时代价值与有效推进路径研究"党建课题进行专项调研交流。

29日　国际所及所国际关系研究编辑部与上海外国语大学国际关系与公共事务学院、国际观察编辑部共同举办第十一届上海全球问题研究青年论坛"比较视野下的地区秩序：理论进展与现实挑战"研讨会。

是月　所刊《国际关系研究》入选《中文社会科学引文索引来源期刊目录（2019—2020）》（CSSCI）扩展版来源期刊。

4月

2—10日　余建华副所长一行应土耳其海峡大学亚洲研究中心、中东理工大学人文与科学学院历史系、布鲁斯金学会多哈中心邀请，赴土耳其、卡塔尔交流。

9日　国际所与上海市美国问题研究所、上海社科院历史研究所、上海公共外交协会联合主办"2019中美民间外交高端论坛：从共享的历史走向共享的未来"研讨会。

15—21日　李开盛副所长一行应巴基斯坦伊斯兰堡穆斯林研究所邀请,赴巴基斯坦交流。

19日　国际所与中国中东学会、上海外国语大学中东研究所、上海国际问题研究院西亚非洲研究中心、上海大学土耳其研究中心联合主办"第三届上海中东学论坛:转型中的中东与新时代中国中东外交"研讨会。

5月

1—15日　刘鸣研究员带领学科创新团队赴奥地利、瑞士和德国开展为期半个月的学术调研。

9—18日　王健所长应罗马尼亚科学院、保加利亚索菲亚大学、黑山科学与艺术学院邀请,赴三国参加会议。

26—29日　王健所长、余建华副所长一行就"环印度洋地区研究"主题前往云南昆明调研。

6月

17—21日　李开盛副所长一行应邀赴台湾调研。

7月

14—20日　余建华副所长一行赴新疆和田地区就周边国际安全态势及其对中国西部陆疆安全的影响及对策等问题进行调研。

16—25日　王健所长随院代表团应荷兰国际亚洲研究所邀请,赴荷兰参加第11届国际亚洲学者大会,并在"'一带一路'倡议与可持续性发展"分论坛上发表演讲。

9月

11日　国际所承办由国务院新闻办公室、上海市人民政府主办的第八届中国学论坛"中国的发展与构建人类命运共同体"圆桌会议。

17—21日 王健所长一行随我院代表团应荷兰国际亚洲研究所邀请,赴荷兰参加"进博会效应与中国新一轮开放"研究成果发布会。

26—27日 上海社科院国际所与上海社科院"一带一路"信息研究中心、同济大学德国研究中心共同承办了"一带一路"国别研究报告(匈牙利卷、波兰卷)发布会暨"中匈、中波建交70周年"研讨会。

10月

25日 上海社科院国际所举办"第四次工业革命背景下的大国竞争与合作:中俄欧视角"研讨会。

27—31日 王健所长应美国乔治·布什美中关系基金会邀请,赴美国参加"2019布什中国研讨会"国际学术研讨会,并做发言。

11月

2日 国际所主办由上海社会科学院智库建设基金会支持的"首届东亚经济合作论坛"。

7日 "上海社会科学院国际问题研究所区域国别青年论坛:大国竞争背景下亚太地区的新形势与新动向"研讨会在上海社科院国际研究所会议室召开,会议由上海社科院国际问题研究所"'一带一路'与地区合作机制"创新团队、国际问题研究所青年中心联合主办。

16日 由上海市世界史学会与上海社科院国际所联合主

办的上海市世界史学会2019年学术年会暨第十四届青年论坛和第五届教学论坛在上海社会科学院举行。年会以"七十年来中国世界史研究的成就与前瞻"为主题,来自上海各相关院校、科研机构师生及中学教师160人出席了会议。

24日 由国际所主办、上海社会科学院智库建设基金会支持的首届东亚经济合作论坛在上海社会科学院举行。中国和日本的学者,以及菲律宾和泰国的业内专家20余人做主题发言并围绕报告,并进行了热烈且深入的讨论。

12月

14—15日 国际所所长王健应邀赴卡塔尔首都多哈参加第19届多哈论坛。

16—17日 国际所所长王健参加"第二届布鲁金斯多哈中心—上海社科院'一带一路'论坛:地缘政治动荡时期的中国与中东合作"研讨会。

19日 以色列驻上海总领事蒲若璞博士一行访问国际所。王健、虞卫东、赵建明、汪舒明、张忆南参加座谈。

2020年

1月

9日 上海社科院国际所与中国现代国际关系研究院、现代国际关系编辑部、上海市国际关系学会和国际关系研究编辑部联合举办"百年大变局下的中国外交:挑战与应对"研讨会。

5月

7日 国际所承办上海社会科学院与以色列国家安全研究

院联合举办的"新冠疫情下的经济形势与国际关系"线上研讨会。

6月

23日 上海社科院国际所举办"新冠疫情背景下'一带一路'建设：影响、挑战与前景"线上研讨会。来自中国进出口银行"一带一路"研究院、厦门大学、中国社会科学院、中工国际、德勤、中国港控、上海社会科学院的专家学者和企业领导出席会议。

7月

6日 国际所与《新民晚报》、腾讯新闻共同推出"后疫情时代的世界"系列报道活动（至8月7日）。清华大学、中国人民大学、南京大学、中国海洋大学、复旦大学、上海国际问题研究院、万里智库、俄罗斯科学院世界经济与国际关系研究所、法国国际关系与战略研究所、牛津大学、美国汇盛金融及意大利、日本、韩国等国学者受邀撰稿。

8月

7日 王健所长、李开盛副所长、张群和吴泽林走访中国进出口银行"一带一路"金融研究院，双方就各自发展情况、当前国际形势、"一带一路"建设、课题合作等进行座谈。

26日 上海宋庆龄研究会会长薛潮一行来国际所所调研。王健所长、罗辉、王成至、张忆南参加座谈。

9月

9日 国际所与韩国延世大学联合举办"东亚局势变化与中韩关系展望"线上研讨会。

11日　中国进出口银行战略规划部总经理、"一带一路"金融研究院主任杜希江一行访问国际所。王健所长、李开盛副所长、吴泽林和张群参加座谈。

10月

13日　国际所与上海市美国问题研究所联合举办"超大城市国际化与对外合作"学术研讨会。来自上海市人民政府外事办公室、上海市商务委、上海市人民政府参事室、广州社会科学院、广东金融学院、复旦大学、上海国际问题研究院、上海市美国问题研究所、上海社科院国际问题研究所的专家学者参加了会议。

16日　国际所举办"科技创新与国际问题研究"系列讲座活动第一讲。华东师范大学国际关系与地区发展研究院余南平教授应邀做题为《新技术革命与国际结构变迁》的讲座。

29日　国际所举办"中美竞争背景下中国与东南亚国家关系"学术研讨会。来自南京大学、厦门大学、中国南海研究院、全球能源互联网发展合作组织研究院、复旦大学、同济大学、上海国际问题研究院、上海社会科学院的20余位专家进行了深入研讨。

30日　国际所举办"科技创新与国际问题研究"系列讲座活动第二讲。全国信息安全标准化技术委员会委员、上海社会科学院互联网研究中心主任惠志斌研究员应邀做题为《数字地缘的挑战与机遇》的讲座。

11月

6日　国际所举办"科技创新与国际问题研究"系列讲座活

动第三讲。清华大学陈冲博士应邀做题为《大数据时代的机器学习与冲突预测》的讲座。

13日　国际所举办"科技创新与国际问题研究"系列讲座活动第四讲。上海社会科学院世界中国学研究所谢一青博士做题为《区块链及其在国际金融和信用市场的应用》的讲座。

是日　应匈牙利国际事务与贸易研究所邀请,王健所长与国际所欧亚室部分青年科研人员代表国际所,参加双方视频对话活动。

27日　国际所举办"科技创新与国际问题研究"系列讲座活动第五讲。华东政法大学政治学研究院院长高奇琦教授应邀做题为《人工智能与国际政治经济结构变迁》的讲座。

12月

4日　奥地利驻华大使 Friedrich Stift 一行访问国际所和上海犹太研究中心。王健、潘光、汪舒明、彭枭参加了座谈。

8日　国际所与上海犹太难民纪念馆合建的上海犹太难民史料研究中心揭牌。上海社会科学院党委书记徐威、虹口区长胡广杰共同出席揭牌仪式。

15日　维谢格拉德四国领事及参赞访问国际所。匈牙利驻沪经济政策领事陶诗先生,波兰驻沪副总领事莱斯钦斯基先生,斯洛伐克驻沪商务参赞雅若斯拉夫·瓦拉先生,捷克经济及文化事务领事卢卡斯先生到访交流,开展学术合作事宜。

17日　由上海社会科学院国际问题研究所、日本庆应义塾大学、韩国东西大学联合主办,韩国国际交流财团协办,中日韩三国合作秘书处赞助的"第11届中日韩东北亚合作研讨会"在线上召开。

18日 意大利经济发展部前副部长杰拉奇教授访问上海社科院国际所,并就"美国大选后的中欧地缘政治关系和贸易新政"主题做了精彩的学术报告。

2021年

1月

11日 国际所与上海国际关系学会和上海全球治理与区域国别研究院共同主办"建党百年党的外交理论学术研讨会"。

12日 国际所举行2021年工作务虚会。会议对2020年的工作进行了全面回顾与总结,并对新一年的工作进行部署与展望。会议由所长王健主持。

18日 上海社会科学院维谢格拉德集团(V4)研究中心成立仪式在上海社会科学院举行。开幕式由上海社科院国际所所长、维谢格拉德集团(V4)研究中心主任王健主持。上海社会科学院副院长朱国宏、现任维谢格拉德集团轮值主席国代表波兰驻沪总领事马莱克·切谢尔楚克、下一任维谢格拉德集团轮值主席国代表匈牙利驻沪总领事博岚分别致辞。

20日 美国驻沪总领事何乐进(James Heller)一行访问了上海犹太研究中心。

3月

18日 王德忠院长一行来国际所调研,听取所班子工作汇报及部分科研人员代表的意见建议,对国际所工作予以充分肯定,并就国际所今后的工作方向与发展重点发表了指导意见。

19日　在院智库建设基金会的支持下,国际所主办了"第三方与中美在东南亚的合作与竞争"线上国际研讨会。来自兰德公司、战略与国际研究中心(CSIS)、亚洲协会等机构的美方学者,和察哈尔学会、中国社会科学院世界经济与政治研究所、中国社会科学院大学及上海社会科学院国际问题研究所的中国专家参会。

是月　王健任中共上海社科院国际所党总支书记。

附录二　上海社会科学院国际问题研究所获奖情况

(1979—2019 年)

时间	姓名	成 果 名 称	奖 项 名 称
1979—1985 年	季误	《未来五年苏联科技发展战略》	上海市哲学社会科学优秀成果奖论文类奖
	王志平	《把社会主义制度的优越性同商品经济的创造力结合起来》	上海市哲学社会科学优秀成果奖论文类奖
	潘光	《十九世纪中叶黎巴嫩动乱不休的内因外由》	上海市哲学社会科学优秀成果、优秀学术成果奖特等奖
	倪家泰	《综论苏联和东欧干部体制》	上海市哲学社会科学优秀成果奖
	季误	《八十年代苏联经济增长速度的几个问题》	上海市哲学社会科学优秀成果奖
1986—1990 年	王志平	《社会必要产品论》	孙冶方经济科学奖
	王志平	《左派第三产业的理论问题》	上海市哲学社会科学优秀成果奖
	林其锬	《五缘文化与未来的挑战》	上海市社会科学学会联合会"1988—1991年度优秀成果奖",获国务院侨务办公室"第一届全国侨务工作论文评选二等奖"(一等奖空缺)

〔续表〕

时间	姓名	成 果 名 称	奖 项 名 称
1986—1990年	潘光	《当代国际危机研究》	上海市哲学社会科学优秀成果奖著作类三等奖
	俞新天	《世界南方潮——发展中国家对国际关系的影响》	上海市哲学社会科学优秀成果奖著作类三等奖
	王健	《农业中资本主义发展道路的比较研究——法国范式与普鲁士范式》	上海社会科学院青年优秀成果奖
	王志平	《大力发展商品经济与改革经济管理体制》	上海市社联成立三十周年学术特等成果奖
	童威	《世界通史》第十一卷(上下册)	安徽省1984—1987年优秀成果二等奖
1991—1996年	潘光	《在动荡中维护和平,在竞争中寻求发展》	上海市哲学社会科学优秀成果奖论文类三等奖
	潘光、余建华	《后冷战时代全球民族主义新浪潮的若干特征》	上海市哲学社会科学优秀成果奖论文类三等奖
	潘光、王志平	—	1993年享受政府特殊津贴,获国务院颁发的《政府特殊津贴证书》
	潘光	—	1993年获美国詹姆斯·弗兰德中犹研究学术奖
	黄仁伟	《试论邓小平国际战略思想的若干基本原则》	上海市哲学社会科学优秀成果奖论文类二等奖
	林同华(主编)	《宗白华全集》(共4卷)	1995年第二届国家图书奖
	林同华等	《宗白华全集》	上海市哲学社会科学优秀成果奖著作类三等奖

〔续表〕

时间	姓名	成果名称	奖项名称
1991—1996年	刘鸣	《塞耶姆·布朗的学术思想和国际关系理论的困境》	上海市哲学社会科学优秀成果奖论文类三等奖
	潘光	—	加拿大政府特别研究奖金
1997—2001年	潘光、余建华、王健	《犹太民族复兴之路》	上海市哲学社会科学优秀成果奖著作类三等奖
	林同华	《哲学大辞典(美学卷)》	上海市哲学社会科学优秀成果奖上海学术研究成果优秀奖
	黄仁伟	《论邓小平关于保持国际环境稳定的战略与策略》	第二届上海市邓小平理论研究与宣传优秀成果论文二等奖
	潘光	—	上海市劳动模范
	李秀石	《从神道国教化到靖国神社——论日本近现代史的祭祀政治》	上海市哲学社会科学优秀成果奖论文类三等奖
	刘鸣	《大国互动关系中的合作条件与问题》	上海市哲学社会科学优秀成果奖论文类三等奖
	潘光、陈超南、余建华	《犹太文明》	上海市哲学社会科学优秀成果奖著作类三等奖
	余建华	《欧洲一体化对中欧关系的影响》	上海市哲学社会科学优秀成果奖论文类三等奖
2002—2003年	周建明	《中国国家安全战略研究》	上海市哲学社会科学优秀成果奖论文,内部探讨优秀成果奖
	潘光	《犹太文明》	上海市哲学社会科学优秀成果奖著作类三等奖

(续表)

时间	姓名	成 果 名 称	奖 项 名 称
2002—2003年	王少普	《战后日本防卫研究》	上海市哲学社会科学优秀成果奖著作类三等奖
	高兰	《双面影人——日本对中国外交的思想与实践（1895—1918）》	孙平化日本学研究著作类作品奖
	刘鸣	《大国互动关系中的合作条件与问题》	上海市哲学社会科学优秀成果奖论文类三等奖
	黄仁伟	《论加入WTO与中国改革和发展的战》	第四届上海市邓小平理论研究与宣传优秀成果论文三等奖
	吴前进	《国家关系中的华侨华人和华族》	上海市哲学社会科学优秀成果奖著作类一等奖
2004—2005年	潘光、王健	《一个半世纪以来的上海犹太人》	上海市哲学社会科学优秀成果奖著作类三等奖
	姚勤华	《民族文化的政治功能——认识欧洲一体化的一个视角》	上海市哲学社会科学优秀成果奖论文类三等奖
	周建明	《关于坚持马克思主义立场、观点、方法的若干问题》	上海市哲学社会科学优秀成果奖论文，内部探讨优秀成果奖
	吴前进	《当代移民的本土性与全球化——跨国主义视角的分析》	上海市哲学社会科学优秀成果奖论文类二等奖
	潘光	《上海合作组织与中国的和平发展》	上海市社会科学界第三届学术年会优秀论文奖
	胡键	《跨国社会运动与全球治理的转型》	上海社会科学界第三届学术年会优秀论文奖

〔续表〕

时间	姓名	成果名称	奖项名称
2004—2005年	周建明	《树立科学发展观和构建社会主义和谐社会的思想基础初探》	全国党建研究会2005年科研成果三等奖,上海市党的建设研究会2006年科研成果一等奖
	黄仁伟	《中国崛起的时间与空间》	作为《江泽民"三个代表"重要思想研究丛书》之一,获得第五届上海市邓小平理论研究与宣传优秀成果著作二等奖
	黄仁伟	《关于台湾问题的系列研究报告》	上海市哲学社会科学优秀成果奖内部探讨奖
	潘光	—	2005年全国劳动模范
2006年	潘光	《上海合作组织与中国的和平发展》	第六届上海市邓小平理论研究和宣传优秀成果论文二等奖
	姚勤华	《欧洲联盟集体身份的建构(1951—1995)》	上海市哲学社会科学优秀成果奖著作类三等奖
	潘光	《以色列与世界各地犹太人:法律、政策和联络工作研究》	国务院侨办课题优秀奖
	潘光	—	奥地利大屠杀纪念奖
	犹太研究中心	《以色列与世界各地犹太人:法律、政策和联络工作研究》	国务院侨办课题优秀奖
	余建华	《构建和谐世界的关键一环》	上海市社会科学界第四届学术年会优秀论文奖

(续表)

时间	姓名	成 果 名 称	奖 项 名 称
2007年	潘光	《当前国际恐怖活动发展的新态势及我们的对策》	上海市反恐怖对策研究理论研讨会论文一等奖
	姚勤华	《上海市2004—2010年全面提高供水水质行动计划评估报告》	上海市决策咨询研究成果奖三等奖
	刘鸣	《国际体系：历史演进与理论解读》	上海市哲学社会科学优秀成果奖著作类三等奖
	吴前进	《新华侨华人与民间关系发展——以中国—新加坡民间关系为例》	上海市哲学社会科学优秀成果奖论文类二等奖
	吴前进	《感受西部中国认识乡土社会——甘肃省古浪县、靖远县考察体会》	上海市哲学社会科学优秀成果网络理论宣传优秀成果奖
	余建华、张屹峰	《中国和平发展面临的周边地缘结构探析》	上海市社会科学界第五届学术年会优秀论文奖
2008年	王健	《上海通志》第10册第46卷特记《上海犹太人社区》	上海市哲学社会科学优秀成果奖著作类一等奖
	黄仁伟等	《确立"世界城市"目标，开拓"创新城市"路径——"世博会与上海新一轮发展"B方案》	第五届上海市决策咨询研究成果奖一等奖
	张屹峰	《美国的中亚经济战略与中国的政策选择》	上海市社会科学界第六届学术年会优秀论文奖
2009年	束必铨	《从三代领导集体看中国国家安全观之演变》	上海市社会科学界第七届学术年会优秀论文奖
2010年	潘光、王健等	《犹太研究在中国——三十年回顾（1978—2008）》	上海市哲学社会科学优秀成果奖著作类二等奖

〔续表〕

时间	姓名	成 果 名 称	奖 项 名 称
2010年	王健	《上海犹太人社会生活史》	上海哲学社会科学优秀成果奖著作类二等奖
2011年	梅俊杰	《从马克思的论断看自由贸易的历史真相》	上海市哲学社会科学优秀成果奖论文类二等奖
	王健	《上海的犹太文化地图》	上海图书奖(2009—2011年)一等奖
	余建华等	《上海合作组织非传统安全研究》	上海市哲学社会科学优秀成果奖著作类三等奖
	刘锦前	《中国当前面临的海洋安全环境与中国大海洋战略》	上海市社会科学界第九届学术年会优秀论文奖
2012年	黄仁伟	《地缘理论演变与中国和平发展道路》	上海市哲学社会科学优秀成果奖论文类三等奖
	黄仁伟	《中国和平发展道路的历史超越》	第九届上海市邓小平理论研究和宣传优秀成果论文三等奖
	王健	《上海犹太人社会生活史》("上海城市社会生活史"丛书之一)	上海哲学社会科学优秀成果著作类二等奖
	汤伟	《城市对全球治理的嵌入机制和意义》	上海市社联优秀论文奖
	刘锦前	《周恩来"人民外交"思想对当前涉藏外宣战略的指导意义》	上海市社联"中国特色社会主义理论体系与科学发展"理论研讨征文优秀论文奖
	刘鸣	《东北亚安全机制构想模式与目标》	网络理论宣传优秀成果奖
2013年	王健	Shanghai Jewish Cultural Map	上海市第十一届"银鸽奖"

〔续表〕

时间	姓名	成果名称	奖项名称
2014年	汤伟	《以法律手段规范碳排放管理研究》	上海市决策咨询研究优秀成果奖二等奖
	汤伟	《世界城市与全球治理的逻辑构建及其意义》	第十二届上海市哲学社会科学优秀成果奖论文类二等奖
	余建华	《"恐怖主义的历史演变研究"》	入选《国家社科基金项目成果选介汇编》；上海市第26次马克思主义学术著作、哲学社会科学学术著作出版资助项目
	顾炜	《中国、俄罗斯与中亚国家的地区双重安全框架》	上海市俄罗斯东欧中亚学会青年论坛优秀论文二等奖
	李因才	《国安会的国际比较：地位、职能与运作》	上海市"全面深化改革与创新发展"理论研讨征文活动社联系统征文优秀论文
	李因才	《联合国中、长期选举援助及其功效分析》	上海联合国研究会首届联合国研究青年论坛征文三等奖
2015年	余建华	《从求同存异到合作共赢：万隆精神的当代弘扬与命运共同体理念》	"学习习近平总书记系列重要讲话精神与推进'四个全面'战略布局"理论征文活动全市优秀论文奖
	顾炜	《项目合作还是规则协调：地区一体化与地区合作的新态势》	上海市俄罗斯东欧中亚学会青年论坛优秀论文三等奖

〔续表〕

时间	姓名	成果名称	奖项名称
2015年	刘锦前	《"命运共同体"理念下的"共情"环境构建析论》	上海市社联"学习习近平总书记系列重要讲话精神与推进'四个全面'"理论研讨征文优秀论文奖
	刘锦前	《"命运共同体"理念下"跨界民族"交融发展问题析论——兼论中国"一带一路"战略中的"共情能力"构建》	上海市社会科学界第十三届学术年会优秀论文奖
2016年	刘鸣	《中美新型大国关系建设：战略认知与路径选择》	上海市第十一届中国特色社会主义理论体系研究和宣传优秀成果论文二等奖
	余建华	《恐怖主义的历史演变》	上海市哲学社会科学优秀成果奖著作类二等奖
	张茗	《如何定义太空：美国太空政策范式的演进》	上海市哲学社会科学优秀成果奖论文类二等奖
	汤伟	《对发展中国家的"世界城市"政策的思考》	上海市社会科学界第十四届学术年会优秀论文
	张屹峰	《关于微信NGO的发展态势》	上海市哲学社会科学内部探讨优秀成果奖
	叶成城	《重新审视地缘政治学：社会科学方法论的视角》	上海市哲学社会科学优秀成果奖论文类二等奖
2018年	吴泽林	《解析中国的全球互联互通能力》	上海市哲学社会科学优秀成果奖论文类二等奖
	李开盛	《容纳中国崛起——世界秩序视角下的美国责任及其战略抉择》	上海市哲学社会科学优秀成果奖论文类二等奖

〔续表〕

时间	姓名	成果名称	奖项名称
2018年	吴其胜	《国际商业利益与东道国生产商的外资政策偏好》	上海市哲学社会科学优秀成果奖论文类二等奖
	顾炜	《双重领导型地区秩序的构建逻辑》	上海市哲学社会科学优秀成果奖论文类二等奖
	刘鸣	《克服中美新型大国关系建设中的认知障碍》	上海市哲学社会科学优秀成果奖论文类二等奖
	刘鸣	《关于一带一路缅甸项目的考察评估》	决策咨询和社会服务论文类二等奖
2019年	王健	《国家战略与上海发展之路》	庆祝新中国成立70周年中共上海市委宣传部理论征文活动优秀论文奖
	王健、顾炜	《世界环境70年的变化》	上海市社联理论征文优秀论文奖
	李开盛	《周边外交：70年的演变及其启示》	上海市社联理论征文优秀论文奖

附录三　上海社会科学院国际问题研究所各类课题统计

（1981—2020 年）

表1　国家社会科学基金课题

课 题 名 称	负责人	立项时间	备　　注
社会主义国家行政管理体制比较研究	童威	1986年	与华东师大苏东所合作
巴勒斯坦（以色列）历史专题研究（19世纪末—20世纪中）	潘光	1992年	—
亚太地区的经济合作与中国的对外经济战略	夏禹龙、周建明	1993年	上海人民出版社1996年版
世纪之交的台湾问题与和平统一的前景	周建明	"九五"规划重点课题	提交国家有关部门作为政策制定参考
争议海域的共同开发	蔡鹏鸿	1995年	著作
冷战后日本防卫战略的调整	王少普	1997年	著作
近代以来亚欧关系发展演变研究	潘光	1998年	—
华侨华人和华族在国家关系中的角色	吴前进	1999年	青年项目

〔续表〕

课 题 名 称	负责人	立项时间	备 注
上海合作组织研究	潘光	2002 年	—
美国的国防转型及其对我国的影响	周建明	2003 年	成果评定等级：优。2006 年专著《美国的国防转型及其对中国的影响》出版
中国崛起与东亚多边合作	王少普	2004 年	—
近代来华犹太人研究	王健	2005 年	—
恐怖主义的历史演变研究	余建华	2006 年	—
国际非政府组织与独联体国家的"颜色革命"	李立凡	2006 年	青年项目
美国战略文件编译与研究(1945—1972)	周建明	2006 年	—
美国亚太战略 FTAAP 新政策对我国的影响及对策研究	蔡鹏鸿	2007 年	—
软实力建设与中国和平发展道路	胡键	2008 年	一般项目
自由贸易理论与实践的历史反思	梅俊杰	2009 年	一般项目
19 世纪 J.S. 密尔"东方专制"论	盛文沁	2010 年	青年项目
美日海权同盟战略及其对中国的影响研究	高兰	2010 年	—
来华犹太难民研究(1933—1945)	潘光	2010 年	重大项目

〔续表〕

课题名称	负责人	立项时间	备注
中国参与全球治理的三重体系构建研究	黄仁伟	2012年	重大项目
中东变局研究	余建华	2012年	重点项目
21世纪南亚国际关系研究	胡志勇	2012年	后期资助项目
东北亚地缘政治环境新变化与我国的综合方略研究	刘鸣	2013年	重大项目
泛中亚区域经济合作发展新态势与我国的地缘经济战略研究	张屹峰	2013年	青年项目
战后欧洲穆斯林移民及其族裔政治活动研究	罗爱玲	2014年	一般项目
中美东亚冲突管控机制研究	李开盛	2014年	一般项目
伊斯兰使命、撒但话语与革命后伊朗的外交安全战略研究	赵建明	2014年	一般项目
外部援助与撒哈拉以南非洲"弱国家"建设研究	李因才	2014年	青年项目
中国对美投资摩擦的政治化及对策研究	吴其胜	2015年	青年项目
构建对韩战略支点关系与美韩同盟制约因素研究	郝群欢	2015年	一般项目
国家海洋治理体系构建研究	胡志勇	2017年	重大项目
欧盟东向战略与中国"一带一路"倡议的结构性对比研究	崔宏伟	2017年	一般项目

〔续表〕

课 题 名 称	负责人	立项时间	备　　注
金砖国家新兴世界城市比较研究	汤伟	2017年	一般项目
双重结构与俄罗斯的地区一体化政策	顾炜	2017年	后期资助项目
"一带一路"土耳其国别研究报告	王健	2018年	重大课题子课题
"一带一路"希腊国别研究报告	崔宏伟	2018年	重大课题子课题
"一带一路"波兰国别研究报告	戴轶尘	2018年	重大课题子课题
"一带一路"捷克国别研究报告	胡丽燕	2019年	重大课题子课题
美国犹太教极化对美国外交和中美关系的影响	汪舒明	2019年	一般项目
后TPP亚太区域经济治理中的制度博弈与中国对策研究	张群	2019年	青年项目
中美海上安全矛盾与"灰色地带"风险管控研究	陈永	2019年	青年项目
新时代中国外交的央地权限划分及核心部门协调能力研究	李开盛	2019年	重大招标项目子课题
国家海洋治理体系构建研究	胡志勇	2019年	重大项目滚动资助
"一带一路"巴基斯坦国别研究报告	刘锦前	2020年	重大课题子课题

〔续表〕

课 题 名 称	负责人	立项时间	备　　注
"后世俗主义"视域下的宗教回归及其对国际关系的影响研究	罗辉	2020年	一般项目
海洋强国战略下的海洋文化体系建构研究	胡志勇	2020	重大专项课题子课题

表2　上海市哲学社会科学规划课题

课 题 名 称	负责人	立项时间	备　　注
苏联东欧国家对西方国家的经济联系	苏东所	1981年	与华东师大合作
第三世界对二战后国际关系的影响	俞新天	"八五"规划重点课题	著作
五缘文化与对外开放	林其锬	"八五"规划重点课题	独立承担
世纪之交世界格局中的亚欧合作及其对中国（上海）的影响	潘光	1995年	
邓小平民族团结思想研究	余建华	1995年	
亚太格局中的中国东亚战略	周建明	1999年	研究报告；著作
本世纪初影响中国西部大开发的若干国际因素研究	余建华	2000年	
从上海五国到上海合作组织的演变看第三代领导集体对邓小平国际战略思想的发展	潘光	2001年	

〔续表〕

课 题 名 称	负责人	立项时间	备 注
中国国家安全战略研究	周建明	2001 年	著作
日本三大领土政策比较研究	王少普	2003 年	
朝鲜核问题与中美关系	刘鸣	2004 年	
APEC 机制改革、发展趋势与中国战略	蔡鹏鸿	2004 年	委托课题
美韩同盟调整与中国	杨红梅	2005 年	
世界能源政治与中国全球油气战略	余建华	2005 年	
民族文化与欧洲认同：欧洲一体化研究	姚勤华	2006 年	部委横向课题
和平发展与中国海权	蔡鹏鸿	2006 年	委托课题
"东突"分裂势力"国际化发展"战略及其对策研究	王震	2010 年	
城市生长和气候变化：低碳城市的理论框架和解决方案	汤伟	2010 年	青年项目
南海问题对中国—东盟战略关系的影响	刘阿明	2011 年	
中亚南亚地缘格局新动向与中国的政策选择	张屹峰	2011 年	
美国"全球公地"防务战略探索及中国的对策研究	张茗	2011 年	一般项目
中东地缘政治变化的新趋势与中国的中东战略研究	赵建明	2012 年	一般项目
中东变局对美国战略东移的影响	傅勇	2012 年	一般项目

〔续表〕

课 题 名 称	负责人	立项时间	备 注
尼泊尔藏人聚居区和流亡藏人现状调研	刘锦前	2012年	青年项目
国家利益拓展视角下的中国海上安全与海洋强国战略研究	高兰	2012年	十八大课题
新媒体时代"疆独网络分裂主义"研究	赵国军	2014年	
"有限度"的日本集体自卫权：问题、影响与对策研究	束必铨	2014年	
华侨华人与中国侨务政策研究	吴前进	2015年	重大课题
面向2030的中美气候合作路径研究	汤伟	2015年	一般项目
中国梦与中国的世界秩序观	焦世新	2015年	一般项目
面向2030年的中美气候合作路径研究	汤伟	2015年	—
构建21世纪海上丝绸之路地缘政治与安全环境研究	刘阿明	2016年	一般项目
国家战略与上海发展之路(1949—2019)	王健	2017年	重点课题
新时代上海发展环境	王健	2017年	特别委托课题
美国的太空战探索及我国对策研究	张茗	2018年	一般项目
中亚、南亚态势新发展与中国西部陆疆安全建设研究	刘锦前	2018年	一般项目
WTO体系改革的中国方案研究	柯静	2018年	青年项目

〔续表〕

课 题 名 称	负责人	立项时间	备 注
美国反移民观念的政治化及其我国应对策略研究	唐慧云	2019年	一般项目
"一带一路"建设的理论基础研究	吴泽林	2019年	青年项目
后疫情时代中东地缘政治格局的演化及中国的对策研究	赵建明	2020年	一般项目
百年大变局下的中美俄欧关系：欧亚地区竞合及其全球影响	顾炜	2020年	一般项目
后疫情时代欧盟互联互通战略的前景及其对"一带一路"国际合作的影响	戴轶尘	2020年	一般项目
中日基础设施竞争性合作关系研究	王梦雪	2020年	青年项目

图书在版编目(CIP)数据

心怀天地：四十年忆述 / 上海社会科学院国际问题研究所编 .— 上海：上海社会科学院出版社，2021
ISBN 978 - 7 - 5520 - 3685 - 5

Ⅰ.①心… Ⅱ.①上… Ⅲ.①国际问题—研究所—概况—上海 Ⅳ.①D815 - 24

中国版本图书馆 CIP 数据核字(2021)第 189845 号

心怀天地——四十年忆述

编　　者：上海社会科学院国际问题研究所
出 品 人：佘　凌
责任编辑：董汉玲　温　欣
封面设计：璞茜设计
出版发行：上海社会科学院出版社
　　　　　　上海顺昌路 622 号　邮编 200025
　　　　　　电话总机 021 - 63315947　销售热线 021 - 53063735
　　　　　　http://www.sassp.cn　E-mail:sassp@sassp.cn
排　　版：南京展望文化发展有限公司
印　　刷：苏州市古得堡数码印刷有限公司
开　　本：890 毫米×1240 毫米　1/32
印　　张：8.5
插　　页：10
字　　数：188 千
版　　次：2021 年 9 月第 1 版　2023 年 6 月第 2 次印刷

ISBN 978 - 7 - 5520 - 3685 - 5/D·631　　　　定价：68.00 元

版权所有　翻印必究